STEFAN REHDER

Gott spielen

STEFAN REHDER

Gott spielen

Im Supermarkt der Gentechnik

PATTLOCH

Bibliografische Information: Deutsche Nationalbibliothek
Die Deutsche Nationalbibliothek verzeichnet diese Publikation in der Deutschen Nationalbibliografie; detaillierte bibliografische Daten sind im Internet über http://dnb.d-nb.de abrufbar.

Umschlaggestaltung: ZERO Werbeagentur, München
Umschlagfoto: getty images/CSA Plastock
Lektorat: Michael Schönberger
Satz und Gestaltung: Hartmut Czauderna
Druck und Bindung: Druckerei C. H. Beck, Nördlingen

Printed in Germany

ISBN 978-3-629-02176-2

2 4 5 3 1

Inhalt

Für Hildegard,
Joschko, Rahel und Maria

»Anders als häufig behauptet, sind die meisten Anwendungen der Gen- und Biotechnologie weder gefährlich noch ethisch unverantwortlich«, behauptet der Arzt und Abgeordnete des Europäischen Parlaments, Peter Liese.

Dieses Buch handelt von den übrigen.

»Ich sagte nicht, dass es für Dich leicht würde,
nur das es die Wahrheit ist.«
MORPHEUS, »Matrix«

VORWORT

Dieses Buch ist gefährlich. Deshalb ist eine Warnung durchaus angebracht. Wenn Sie es lesen, bringt es Sie der wirklichen Welt ein Stück näher. Insofern ist dies Ihre letzte Chance. Legen Sie das Buch jetzt zurück, können Sie sich vielleicht manche Illusion erhalten. Dagegen wäre nichts zu sagen. Vermutlich besitzen alle Menschen irgendwelche Illusionen. Illusionen pflegen unser Leben einfacher und mitunter erst erträglich zu gestalten.

Wenn Sie dieses Buch aber lesen, werden Sie einige Illusionen wohl einfach aufgeben müssen. Zum Beispiel die, dass alle Wissenschaftler das Gemeinwohl über das Eigenwohl stellen. Oder die, dass jeder medizinisch-technische Fortschritt auch ein humaner ist und Ethik vor der Monetik kommt. Oder die, dass Eugenik etwas war, dem man sich während des Dritten Reichs ausgiebig widmete und das nach seinem Untergang überwunden schien.

Wenn Sie dieses Buch lesen, werden Sie feststellen, dass Betrug in der Wissenschaft keine Seltenheit ist und Geld längst auch die Welt der Wissenschaft regiert. In ihr wird verschwiegen, gelogen und betrogen, was das Zeug hält. Sie werden die inhumanen Seiten des medizinisch-technischen Fortschritts kennenlernen und zum Beispiel erfahren, was Post- und Transhumanisten sonst noch alles anstreben. Und Sie werden damit konfrontiert, dass Eugenik kein Gespenst von gestern, sondern allgegenwärtige Realität ist.

Dieses Buch will aufklären. Darum beansprucht es nicht weniger, als tatsächlich ein wenig mehr Licht in das Dunkel zu bringen, das in vielen biomedizinischen Labors und den Hirnen einiger Forscher spukt. Dabei nimmt es in Kauf, dass die Fakten, die es liefert, mache Illusionen zerstören.

Denn sein Autor, Vater mehrerer Kinder, ist überzeugt: Es gibt Illusionen, die wir uns einfach nicht mehr leisten können. Jedenfalls dann nicht, wenn uns am Wohl unserer Kinder und an den Bedingungen, unter denen sie aufwachsen, auch nur irgendetwas liegt.

Aachen, im Juli 2007
Stefan Rehder

»Die Macht des Menschen, aus sich zu machen,
was ihm beliebt, bedeutet die Macht einiger weniger,
aus anderen zu machen, was ihnen beliebt.«
CLIVE STAPLES LEWIS
»Die Abschaffung des Menschen«

KAPITEL 1

Der genoptimierte Mensch

Ein vorsorglicher Abgesang auf den Homo sapiens

Manchmal öffnet erst der Blick in die Zukunft unsere Augen für die Gegenwart. Haben Sie zum Beispiel schon einmal darüber nachgedacht, wie wohl die Romanzen Ihrer Enkel oder Urenkel beginnen werden? Der neuseeländische Drehbuchautor, Regisseur und Produzent Andrew Niccol hat es getan. In seinem Regiedebüt »Gattaca« überreicht Irene (Uma Thurman) dem von ihr auserwählten Vincent (Ethan Hawke) ein Haar zur Genanalyse, während sie ihm ins Ohr haucht: »Falls Sie dann noch interessiert sind, sagen Sie es mir.«

Zu diesem Zeitpunkt weiß Irene allerdings noch nicht, dass Vincent ein »Gotteskind« ist. So werden in »Gattaca«, zu dem Niccol auch das Drehbuch schrieb, inoffiziell die wenigen Menschen genannt, die von ihren Eltern noch auf altmodische Weise – per Geschlechtsakt – gezeugt wurden. Offiziell heißen die Gotteskinder »Invalide« und bilden die neue Unterschicht. Die Orte, an denen ihre genetisch optimierten Artgenossen, die »Validen« leben und arbeiten, bekommen die »Invaliden« nie zu Gesicht. Es sei denn, sie reinigen sie.

Denn Zutritt zu der Oberschicht erhält in der technisch fortgeschrittenen Welt von »Gattaca« nur noch, wer im Reagenzglas erzeugt, durch Manipulation des Erbguts genetisch »aufgewertet« und so auf den neuesten Stand gebracht wurde.

Als »Gattaca« 1997 in die Kinos kam – der Titel ist übrigens ein Kunstwort, das aus den Anfangsbuchstaben der vier Nukleinbasen Adenin, Cytosin, Guanin und Thymin zusammengesetzt wurde, aus denen auch das Erbgut aller Lebewesen aufgebaut ist – schien beinah alles, was in ihm gezeigt wurde, pure Science-Fiction zu sein.

Kein Wunder. Die Existenz des Klonschafs »Dolly« war gerade erst bekannt gegeben worden, die Entschlüsselung des menschlichen Genoms noch in vollem Gange. Auch redete – außer ein paar Forschern in ihren Türmen aus Elfenbein – kaum jemand von embryonalen Stammzellen, geklonten Embryonen, Gentests, Designer-Kindern und Patenten auf Leben. Heute, zehn Jahre später, ist die Lage eine andere.

Dramatisch anders. Der Neuropathologe Oliver Brüstle klagt vor dem Bundesgerichtshof gegen ein Urteil des Bundespatentgerichts, das ihm die kommerzielle Verwertung von neuronalen Vorläuferzellen untersagt, sofern diese Zellen aus embryonalen Stammzellen gezüchtet werden, die aus geklonten menschlichen Embryonen stammen.[1]

Zwar ist es bislang überhaupt erst zweimal gelungen, menschliche Embryonen zu klonen, die obendrein nur wenige Tage am Leben blieben. Im Tierversuch haben die Fingerübungen der Forscher jedoch längst ein beachtliches Ausmaß angenommen. Auf »Dolly« folgten 1998 geklonte Mäuse und Rinder. 1999 gelang es Forschern erstmals, eine Ziege zu klonen. Im Jahr 2000 wurde das erste Schwein geklont. Seit dem Jahr 2002 bereichern Katzen und Kaninchen, seit 2003 Maultiere, Pferde und Ratten den Klongarten des Menschen. Im

Jahr 2005 fertigte der südkoreanische Klonforscher Hwang Woo Suk eine genetische Kopie eines Hundes an – nicht des Menschen, aber immerhin seines angeblich besten Freundes.

Auch auf dem Feld der Reproduktionsmedizin haben wir es weit gebracht. Aus den »Babymachern«, die einst antraten, um verzweifelten unfruchtbaren Paaren zu Nachwuchs zu verhelfen, sind Maßschneider geworden. Gegen entsprechende Entlohnung bieten sie heute so gut wie alles feil, was Mann und Frau sich vorstellen können: Kinder als Heilmittel, die als Zellspender für ein erkranktes älteres Geschwisterkind fungieren sollen. Kinder mit vorselektiertem Geschlecht, die ihren Eltern zu einer ausbalancierten Familie verhelfen, in der sich Jungen und Mädchen die Waage halten sollen, und schließlich Kinder, die in der Regel ohne, mitunter aber auch mit vererbbaren Krankheiten zur Welt kommen, weil sie vor allem eines können sollen: den Wünschen ihrer Auftraggeber entsprechen. Auf dem globalen Fortpflanzungsmarkt ist der Kunde längst König, sein Wille Gesetz. Eines, dem immer mehr Mediziner alles unterordnen – auch das ärztliche Ethos.

Zwei Beispiele, die zu Beginn des dritten Jahrtausends für Aufsehen sorgten, verdeutlichen dies. Am 29. August 2000 wurde in Minneapolis ein Junge geboren, dem seine Eltern – nomen est omen – den Namen Adam gaben. Bekannt wurde Adam, der mit Nachnamen Nash heißt, aber vor allem durch seine sechs Jahre ältere Schwester Molly, deren Leben von einer seltenen Erbkrankheit bedroht wurde. Ohne einen passenden Zellspender hätte Molly nach Ansicht der Ärzte nur noch wenige Jahre zu leben gehabt. Als Adam, auf den die Krankheit nicht vererbt wurde, geboren wird, entnehmen die Ärzte seiner Nabelschnur ein paar jener Zellen, die Molly braucht, um gesund zu werden, und kultivieren sie im Labor. Molly kann nun geheilt werden.

Im Grunde wäre die Geschichte von Molly und Adam eine wunderschöne. Bedauerlicherweise hat sie jedoch einen Haken: Sie ist noch nicht zu Ende. Denn Adam war nicht Mollys einziger Bruder. Außer Adam besaß Molly noch 14 weitere Geschwister. Wie Adam wurden auch sie alle im Reagenzglas erzeugt und danach einer Präimplantationsdiagnostik, kurz PID, unterzogen. Bei der PID werden dem in der Regel vier- bis achtzelligen Embryo mittels einer Mikropipette ein bis zwei Zellen entnommen. Mit Hilfe von Chromosomen- oder Genanalysen können Reproduktionsmediziner dann das Geschlecht, Abweichungen von der üblichen Chromosomenzahl sowie molekulare Genveränderungen noch vor der Rückübertragung des Embryos in den Mutterleib feststellen. Da alle vierzehn Embryonen jedoch dieselbe Erbkrankheit wie Molly aufwiesen und daher zu ihrer Heilung nichts beitragen konnten, wurden sie – wie das in der Fachsprache der Ärzte heißt – verworfen. Einzig und allein Adam, der 15. Embryo, überlebte den Gen-Check, denn er besaß schließlich jene Zellen, die Molly für ihre Genesung so dringend benötigte.[2]

Ein gutes Jahr später, am 22. November 2001, erblickte in Bethesda im US-Bundesstaat Maryland Gauvin Duchesneau das Licht der Welt. Als Gauvin fünf Monate alt war, brachte ihn seine Mutter Sharon, die mit ihrer Partnerin Candace McCollough in einer gleichgeschlechtlichen Partnerschaft lebt, zu einem Spezialisten. »Der Mediziner verdrahtete den Kopf des Säuglings mit Elektroden und fing an, sein linkes Ohr mit klickenden Lauten zu reizen. Er begann leise, erhöhte den Pegel, drehte lauter und lauter, bis das Geräusch 95 Dezibel erreicht.«[3] Das sind 15 Dezibel mehr als ein handelsüblicher Staubsauger mit maximaler Saugkraft zu erzeugen vermag. Dass Gauvin trotz des Lärms immer noch keinerlei Reaktion zeigte, beunruhigte die beiden Frauen in keiner Weise.

Im Gegenteil: Es machte sie sehr zufrieden. Denn nun stand fest, dass Gauvin dank der Samenspende eines taubstummen Mannes, dessen Dienste Sharon schon einmal bei der Zeugung von Gauvins älterer Schwester Jehanne in Anspruch genommen hatte, genauso taubstumm zur Welt gekommen war wie Sharon und Candance vor Jahrzehnten selbst.

»Die Dämme brechen«, konstatierte daraufhin der nicht gerade als Alarmist bekannte damalige Chefredakteur und heutige Herausgeber der Wochenzeitung »Die Zeit«, Michael Naumann, und fuhr fort: » (...) demnächst: Ein blindes Kind für blinde Eltern? (...) Mit dem gleichen Egoismus könnte das nächste Ehepaar, dem absehbaren Stand der Forschung folgend, ein elitäres persönliches Züchtungsprogramm – das erste Kind bitte blond, musikalisch und langbeinig – in Auftrag geben.«[4]

Sollten Sie sich bereits jetzt fragen, wie es so weit kommen konnte, dann lohnt es sich, einen kurzen Blick auf die Wissenschaft zu werfen. Denn möglich wurde all dies erst, weil die Wissenschaftler – nicht selten gedrängt und gezerrt von der Politik – ihre Elfenbeintürme verlassen haben. Sie beschränken sich nicht mehr darauf, in ihren Labors zu forschen und ihr Wissen in Hörsälen weiterzugeben. Sie gründen Firmen, schmieden Konzerne und knüpfen Allianzen. Sie denken in Wertschöpfungsketten, schreiben Business-Pläne und buhlen um die Gunst von Börsen-Analysten. Sie horten Patente und sichern sich so auf Jahre die kommerziellen Verwertungsrechte ihrer Forschungsergebnisse. Sie beraten Regierungen und flüstern ihnen zu, welche Förderprogramme aufzulegen und welche Gesetze abzuschaffen sind. Sie sind Unternehmer und Lobbyisten in eigener Sache. Statt um pure Erkenntnis ringen sie heute vornehmlich um den größtmöglichen Profit.

»Die klassische Trennung von Wissenschaft und Industrie wird obsolet«, jubelte Friedrich von Bohlen und Halbach, als am 26. Juni 2000 zeitgleich in Washington, London, Paris, Berlin, Peking und Tokio eine erste Arbeitsversion der Basensequenz des menschlichen Erbguts vorgestellt wurde und folgerte: »Ganz analog« zur New Economy sei es nun »an der Zeit, den Begriff der ›New Science‹ zu prägen«.[5] Selbstverständlich sehen nicht alle die leidenschaftliche Liaison von Wissenschaft und Wirtschaft, in der von Bohlen und Halbach zu Recht die »eigentliche Revolution«[6] unserer Zeit erblickt, derart ungetrübt positiv wie der promovierte Biochemiker. Als Mitgründer und späterer Aufsichtsratsvorsitzender der »Lion Bioscience AG«, die inzwischen unter dem Namen »Sygnis Pharma« firmiert, bezeugt der Sprössling der Krupp-Dynastie die Deformation der Wissenschaft mit der eigenen Biographie.

Nüchtern doziert etwa der Soziologe Karl Otto Hondrich: »Die Gestaltungsmacht über den Menschen scheint sich zu verlagern: von der Politik zu wirtschaftlichen Interessen, aus Lernanstalten in Labors, aus den Sozial- und Humanwissenschaften in die Naturwissenschaften.«[7] Und Erwin Chargaff klagt in seinen posthum veröffentlichten »Stimmen im Labyrinth«: »Die Wissenschaft ist längst zur Technologie geworden, ist zur Herstellung von Entdeckungen um des Geldes willen herabgesunken«.[8] Ein Mann, der wie kaum ein anderer wusste, wovon er sprach. 22 Jahre lang lehrte Chargaff, geboren 1905 in Czernowitz, aufgewachsen in Wien und vor den Nationalsozialisten zunächst nach Paris und dann nach New York emigriert, als Professor für Biochemie an der ehrwürdigen Columbia-Universität in New York. Dort leistete er persönlich die entscheidende Vorarbeit zur Entdeckung der Doppelhelix-Struktur der DNS (Desoxyribonukleinsäure;

engl. DNA = deoxyribonucleic acid). Ohne seine im Jahr 1950 publizierte Arbeit[9] hätten James D. Watson und Francis Crick ihr Modell von der genetischen Struktur des Erbguts, das im Inneren jeden Zellkerns schlummert, wohl nicht formulieren können,[10] wäre ihnen der Nobelpreis für Medizin 1963 nicht zuerkannt worden, hätte die Molekularbiologe keinen so rasanten Aufschwung erfahren, gäbe es schließlich möglicherweise keine Notwendigkeit, ein Buch wie dieses zu schreiben.

Dass es sie gibt, ist selbstverständlich nicht Chargaffs Schuld, auch wenn ihn der Gedanke, es könnte sich so verhalten haben, bis zu seinem Tod im Jahr 2002 beschäftigte. Doch nüchtern betrachtet und für sich genommen sind Erkenntnis und Wissen weder gut noch schlecht. Gut oder schlecht ist allein das, was Menschen daraus machen. Mit anderen Worten: Es gibt keinen Grund, Wissenschaftlern das Wissen und Forschern das Forschen austreiben zu wollen. Wenn allerdings der Erwerb von Wissen von vornherein zum Zwecke der Anwendung erfolgt – und dies ist inzwischen in den Naturwissenschaften überwiegend der Fall –, dann droht die »Grenze zwischen Gedanken und Tat« zu verschwinden und wird, wie der Technikphilosoph Hans Jonas feststellt, die »Freiheit der Forschung zum Problem«.[11] Denn wo die »Anwendung« bereits »Teil der Untersuchung« ist, dort wird alles »reale Tat«.[12] Und Taten stehen nun einmal stets unter dem Vorbehalt der Rechtfertigung.

Wenn es stimmt – und es stimmt natürlich – dass »im Handeln (...) jede Freiheit« Schranken unterliegt – Jonas nennt etwa »Verantwortung, Gesetz und gesellschaftliche Rücksichten«[13] –, dann muss es nicht nur möglich bleiben, Wissenschaftler an einer schädlichen und verwerflichen Anwendung ihrer Erkenntnisse zu hindern, dann muss es auch möglich bleiben, sie an der Forschung selbst zu hindern.

Dieses Buch stellt die These auf, dass diese Möglichkeit in Kürze nicht mehr bestehen wird, sollte der Weg, den Wissenschaft und Wirtschaft auf dem Gebiet der Biotechnologie eingeschlagen haben und dessen erste Folgen auf Feldern wie der Genforschung, der Regenerativen Medizin und der Reproduktionsmedizin bereits besichtigt werden können, fortgesetzt werden. Denn wir sind an einem Punkt angelangt, an dem irreversible Konsequenzen entstehen.

Um dies zu belegen, wird Sie dieses Buch mit den beinah unglaublichen Zukunftsszenarien vertraut machen, die viele der heute führenden Wissenschaftler ersonnen haben, und erläutern, welche gewaltigen Gefahren ihre bereits begonnene Umsetzung für die Menschheit bergen. Die biedermeierliche Vorstellung vom Wissenschaftler als einem leicht zerstreuten, ein wenig weltfremdem, im Grunde aber herzensguten Professor, dessen Leidenschaft für sein Fachgebiet aus der Sorge um das Wohlergehen künftiger Generationen gespeist wird und der sein Können daher eigenverantwortlich zu begrenzen weiß, war vermutlich zu allen Zeiten ein Klischee. Aber noch nie war eine solche Naivität für die Menschheit derart lebensgefährlich wie zu unserer Zeit.

Insofern ist dieses Buch auch ein Appell an alle verantwortungsbewussten Menschen, genau hinzusehen und die gewaltige Macht, welche der Wissenschaft durch die Eroberung des Mikrokosmos zuwächst, nicht zu unterschätzen. Jedenfalls dann nicht, wenn wir uns für unsere Enkel und ihre Kinder eine andere Zukunft wünschen als die, welche Niccol in »Gattaca« entwirft. Eine Zukunft, in welcher der Homo sapiens kein Auslaufmodell darstellt. Denn das wäre die Konsequenz, wenn wir zulassen, dass die heutigen Wissenschaftler Gott spielten und die Evolution in die eigenen Hände nähmen.

Das klingt dramatisch. Und das ist es auch. »Gattaca« ist viel näher als wir gewöhnlich bereit sind, uns einzugestehen. Und doch führt daran kein Weg vorbei. Denn wir stehen kurz davor, unserer Zivilisation das Genick zu brechen.

Was die immer weiter ausufernde Genforschung und die Anwendung ihrer Erkenntnisse auf den Feldern der regenerativen und der reproduktiven Medizin für die ganze Menschheit so bedrohlich macht, ist, dass sie ein Verständnis vom Menschen aufkündigt, demzufolge alle insofern gleich sind, als sie jeweils einer »zufälligen genetischen Ausstattung unterliegen«, wie es unlängst die Vorsitzende des Nationalen Ethikrates, Kristiane Weber-Hassemer, formulierte.[14]

Sowohl für das Selbstverständnis des Menschen als auch für das Zusammenleben von Menschen ist diese spezifische Form der Gleichheit von einer Bedeutung, die wir – anders als Weber-Hassemer dies bedauerlicherweise selbst tut – gar nicht hoch genug einschätzen können. Dabei spielt es erst einmal keine Rolle, ob wir uns primär, wie etwa Christen, Juden und Muslime es tun, als von Gott gewollte, mit einer Seele ausgestattete Geschöpfe betrachten oder ob wir stattdessen glauben, wir Menschen seien ein mehr oder weniger zufälliges Ergebnis der Evolution. Entscheidend ist hier erst einmal, dass wir unser genetisches Programm keinem anderen Menschen »verdanken«.

Natürlich erben wir unsere Gene – und damit jene Merkmale und Fähigkeiten, die vererbbar sind – von unseren Eltern. Den meisten Menschen bereitet diese Tatsache keine nennenswerten Probleme. Sätze wie »die Nase habe ich von meiner Mutter geerbt« oder »die Glatze hat mir mein Vater in die Wiege gelegt«, lassen zwar vermuten, dass ein weniger markantes Riechorgan oder dichteres Haar dem ästhetischen Empfinden der betreffenden Person mehr zugesagt hätte als die angetroffene Ausstattung, dennoch fehlt solchen, oft scherzhaft gemeinten Äußerungen meist der bittere Beigeschmack des Vorwurfs.

Der Grund: Selbst wer mit seiner äußeren Erscheinung oder anderen genetisch determinierten Anlagen völlig unzufrieden ist und sie durch plastische Chirurgie oder die Einnahme nicht medizinisch indizierter Psychopharmaka zu »korrigieren« sucht, weiß aus dem Biologieunterricht, dass seine Eltern keinen Einfluss darauf nehmen konnten, welche ihrer Gene sie uns weitergeben. Mit anderen Worten: Wir verdanken unseren Eltern unser Dasein, nicht aber unser Sosein – jedenfalls soweit dieses genetische Ursachen besitzt und nicht etwa die Folge unserer Erziehung ist, gegen die man sich bekanntlich erfolgreich zur Wehr setzen kann, wie nicht zuletzt die 68er-Generation gezeigt hat.

Nur wird all das möglicherweise nicht so bleiben. Die systematische Genomforschung, die in den vergangenen zwei Jahrzehnten etabliert wurde, hat es sich zum Ziel gesetzt, die »Bauanleitung« für den menschlichen Organismus zu entschlüsseln und einen detaillierten Schaltplan für die komplexen Vorgänge zu erstellen, die sich in seinem Inneren – genauer in seinen Zellen – ereignen. Zu diesem Zweck starteten Wissenschaftler 1990 in den USA das internationale »Human Genome Project«, dem sich bis Mitte der 90er Jahre Großbritannien, Frankreich, Deutschland, Japan und China anschlossen. Derzeit arbeiten an dem Projekt mehr als 1000 Wissenschaftler aus 40 Ländern – etwa 400 von ihnen an den rund 50 Projekten des Deutschen Humangenomprojekts.[15] Ausgestattet mit einem Budget von 3 Milliarden Dollar sollte das internationale Konsortium in einem ersten Schritt bis zum Jahr 2003 die exakte Abfolge sämtlicher Bausteine der menschlichen DNS ermitteln.[16]

Um eine annähernd realistische Vorstellung von dem gigantischen Ausmaß des Projekts zu gewinnen, scheint ein kurzer Ausflug in die Zelle sinnvoll.[17] Biologisch betrachtet besteht der Organismus eines erwachsenen Menschen aus rund 60 Billionen Zellen. Diese sind mit bloßem Auge nicht zu erkennen und werden erst unter dem Mikroskop sichtbar. Wenn Sie zum Beispiel mit einem Kugelschreiber einen Punkt auf Ihre Haut malen, überdecken Sie damit annähernd 1.000 Hautzellen. Jede Zelle, mit Ausnahme der roten Blutkörperchen, besteht aus einer Hülle, der Zellmembran, dem Zellinneren oder Zellplasma, wo die meisten zellulären Prozesse ablaufen, und einem Zellkern.

Der Zellkern enthält, verteilt auf 23 Chromosomen – die in Körperzellen doppelt und in den Keimzellen (Ei und Spermium) in einfacher Zahl vorhanden sind –, die DNS. Chemisch betrachtet ist die DNS ein langes Polymer. Als Polymer bezeichnet man eine chemische Verbindung, die aus vielen gleichartigen Bausteinen, Makromolekülen, oft kettenartig aufgebaut ist. Im Fall der DNS nennt man diese Makromoleküle auch Nukleotide. Jedes dieser Nukleotide besteht aus einem Zucker-Molekül (Desoxyribose), einem Phosphatrest und einer Base. Die Nukleotide unterscheiden sich einzig durch diese Basen, von denen es nur vier gibt, nämlich, wie eingangs erwähnt, Adenin, Thymin, Guanin und Cytosin. Insgesamt besteht die DNS aus rund 3,2 Milliarden solcher Bausteine, die sich nach dem Doppelhelix-Modell von Watson und Crick zu zwei rechts-gedrehten Strängen zusammensetzen, die sich gegenläufig, um eine gemeinsame, gedachte Achse winden.

Jeweils drei dieser Bausteine bilden ein Triplet. Doch vermutlich enthalten nur 1–2 Prozent von ihnen in verschlüsselter Form die Informationen, welche die Zellen für die Bildung von Proteinen, den eigentlichen »Akteuren« im Organismus, benötigen. Zwar weiß noch niemand, wie viele Proteine, auch Eiweiße genannt, es tatsächlich gibt, doch wird ihre Zahl auf rund 500 000 geschätzt. Als Strukturproteine sorgen sie zum Beispiel für den Aufbau neuer Haut-, Haar-, Knorpel- oder Muskelzellen. Als Transportproteine befördern sie etwa Sauerstoff aus den Lungen durch das Blut in alle Organe. Als Enzyme beschleunigen sie den Stoffwechsel oder schützen – als Antikörper – den Organismus vor Eindringlingen wie Bakterien oder Giftstoffen.

Diejenigen Abschnitte der DNS, die die codierten Anweisungen für den Bau der Proteine enthalten, bezeichnet man als Gene. Von ihnen besitzt der Mensch jüngsten Schätzungen zufolge 20 000–25 000.[18] Sie finden sich in unterschiedlichen Abständen auf sämtliche Chromosomen verteilt. Zur Herstellung eines Proteins muss die DNS jedoch zunächst in ein ihr chemisch ähnelndes Polymer, die RNS (RNS = Ribonukleinsäure), umgeschrieben werden. Bei diesem als »Transkription« bezeichneten Vorgang wird nur einer der beiden DNS-Stränge abgelesen und eine Kopie von ihm angefertigt. Dabei wird der Zucker Desoxyribose durch einen anderen, nämlich Ribose, und die Base Thymin durch eine ähnliche, namens Urazil ersetzt. Während die DNS die Funktion hat, genetische Informationen zu speichern und zu vervielfältigen, überträgt die RNS diese Informationen vom Kern in das Zellinnere, wo die Proteine hergestellt werden.

Sicher ahnen Sie bereits jetzt schon, welche Macht den Wissenschaftlern zuwächst, wenn es ihnen tatsächlich gelänge, die »Bauanleitung« für den menschlichen Organismus zu entschlüsseln. Mit diesem Wissen könnten die Forscher nämlich damit beginnen, die DNS zu modifizieren, und schließlich den Menschen Schritt für Schritt neu entwerfen.

Die Folgen eines derartigen Unterfangens wären derart gigantisch, dass sie sich heute wohl nur ansatzweise erahnen lassen. Mit Sicherheit aber wäre dies das Ende der Gleichheit der Menschen und damit auch das Ende der Demokratie als Staatsform. Denn, wie der britische Literat Clive Staples Lewis bereits 1943 schrieb, zu einer Zeit, in der ein Teil der Welt von der Demokratie wenig, von Herrenmenschen aber viel hielt: »Die Macht des Menschen, aus sich zu machen, was ihm beliebt, bedeutet die Macht einiger weniger, aus anderen zu machen, was ihnen beliebt.«[19]

Es gibt keinen Zweifel, dass viele bereit sind, uns diesen Preis zahlen zu lassen, um ihre Visionen zu verwirklichen. »Es ist der Traum der Biologen, die DNS-Sequenz, den Programmiercode des Lebens zu besitzen und ihn bearbeiten zu können, wie ein Dokument in einem Textverarbeitungsprogramm«, bestätigt etwa Michael West, Präsident und einer der führenden Wissenschaftler der Biotech-Firma »Advanced Cell Technology« im US-Bundesstaat Massachusetts.[20] Und James D. Watson, einer der Initiatoren und für kurze Zeit Direktor des Humangenomprojekts, der Menschenrechte für »leeres Gewäsch« hält, das »völlig daneben« sei, erklärt unumwunden: »Wenn jemand eines Tages entdecken sollte, dass wir ein Gen hinzufügen können, um Kinder intelligenter oder schöner oder gesünder zu machen, dann sehe ich keinen Grund, das nicht zu tun.«[21]

Für andere, wie den Biophysiker Gregory Stock, der an der Universität Princeton im US-Bundesstaat New Jersey lehrt und als Direktor des Programms »Wissenschaft, Technology und Gesellschaft« an der School of Medicine der University of California in Los Angeles wirkt, ist selbst damit das Ende der Fahnenstange noch lange nicht erreicht. »Das Aufdecken der Einzelheiten der menschlichen Genetik wird die Grundlage für die gesamte künftige Gentherapie schaffen und eine Vielzahl von verlockenden Möglichkeiten für Eingriffe in die Keimbahn und in somatische Zellen bereitstellen.«[22] In seinem Buch: »Redesigning Humans: Our Inevitable Genetic Future«, beschreibt er das Fernziel: Die Umwandlung der Menschheit zu einem Objekt von Hacking und Design, wenn er sagt: »Natürlich ist es immer einfacher, einen neuen Code zu schreiben, als an einem alten herumzubasteln, den man nicht genau überblickt.«[23] Käme es so weit, wäre dies das endgültige Ende der Spezies Homo sapiens (lat.: der weise Mensch), des Menschen, wie wir ihn kennen. Und welcher intelligente Homo ihn auch immer beerben würde, eines wäre er mit Sicherheit nicht mehr: weise.

Dass die Macht der Wissenschaftler dazu derzeit noch nicht reicht, ist kein Anlass zur Entwarnung. Die Forscher schreiten mit Riesenschritten voran, nicht zuletzt durch den Einsatz von Hochleistungsrechnern, die über mehrere Terabytes Speicherplatz verfügen und mittlerweile 2000 Basen pro Sekunde sequenzieren können und die auch bei der Funktionsaufklärung zum Einsatz kommen. Dank solcher Computer konnten Graig Venter, ein ehemaliger Mitarbeiter des Humangenomprojekts, der sich 1992 selbständig und fortan mit seiner Firma Celera den ehemaligen Kollegen Konkurrenz machte, und Francis Collins, Direktor des internationalen Konsortiums, am 26. Juni 2000 im Beisein von US-Präsident Bill Clinton – deutlich früher als geplant – auf einer Pressekonferenz im Weißen Haus in Washington eine Arbeitsversion der DNS-Sequenz präsentieren. Diese bestand aus sich überlappenden DNS-Fragmenten, die 97 Prozent des gesamten Genoms abdeckten. Für rund 85 Prozent dieser Fragmente war zu diesem Zeitpunkt bereits die Abfolge der Basen bestimmt worden.[24]

Nachdem die 20 am Humangenomprojekt beteiligten Forschungszentren in der Fachzeitschrift »Nature« am 21. Oktober 2004 eine »hochgenaue Version« des menschlichen Erbguts veröffentlichten[25], gilt die Sequenzierung des menschlichen Genoms als abgeschlossen. Seitdem arbeiten die Wissenschaftler daran, die Funktion zu klären, welche die einzelnen Gene besitzen. Offiziell geht es den an diesem Projekt beteiligten Forschern ausschließlich darum, genetisch bedingte Krankheiten zu erforschen und Therapien zu entwickeln, die nicht nur die Symptome, sondern die Ursachen bekämpfen. Das ist zweifellos ein edles Motiv, das niemandem, der es für sich in Anspruch nimmt, leichtfertig abgesprochen werden sollte. Und doch dürfen wir eines nicht übersehen: Mit jedem Schritt, den das Humangenomprojekt vorankommt, liefert es Leuten wie West, Watson, Stock und ihren willigen Werkzeugen, an denen gewiss kein Mangel herrschen wird, die benötige Munition, um ihre Träume wahr werden zu lassen.

Sogar der australische Philosoph Peter Singer, der bekanntlich keine Schwierigkeiten mit der Euthanasie von Kindern und Alten hat, gibt zu Protokoll: »Der Gedanke wäre naiv, dass unser neues Wissen nicht auch für andere Zwecke genutzt werden wird.« Er fügt hinzu: »Ob es gefällt oder nicht: Wir stehen vor einer Zukunft, in der Eugenik wieder ein Thema sein wird«.[26] Es ist also an der Zeit, zur Kenntnis zu nehmen, welche Stunde geschlagen hat. Oder um es mit Erwin Chargaff zu sagen: »So ist jeder Tag ein Hexensabbat. Mit allem, was da gekocht wird, geben sie der Menschheit ein Geschenk, mit dem verglichen die Bombe von Hiroschima ein freundliches Osterei gewesen ist. Ich schaudere zu denken, wessen Ebenbild der neue, verbesserte Mensch sein wird.«[27]

1 vgl. Pressemitteilung des Bundespatentgerichts v. 5. 12. 2006. »Enttäuschend und nicht nachvollziehbar« Bonner General-Anzeiger v. 8. 12. 2006.
2 vgl. »Biopolitik wird noch wichtiger«, Die Tagespost v. 20. 8. 2002.
3 »Wunschkind«, Die Zeit v. 25. 4. 2002.
4 »Moralischer Gehörsturz«, Die Zeit v. 25. 4. 2002.
5 von Bohlen und Halbach, Friedrich: Das nächste »Heureka!« muss aus Europa erschallen. In: Schirrmacher, Frank: Die Darwin AG. Wie Nanotechnologie, Biotechnologie und Computer den neuen Menschen träumen. Köln 2001. S. 246–248, hier S. 246 f.
6 ebenda, S. 246.
7 Hondrich, Karl Otto: Der neue Mensch. Frankfurt a. Main 2001. S. 163.
8 Chargaff, Erwin: Stimmen im Labyrinth. Über die Natur und ihre Erforschung. Stuttgart 2003. S. 133.
9 ders.: »Chemical specificity of nucleic aids and mechanism of their enzymatic degradation«, Experientia 16: S. 201–-209. 1950.
10 vgl. Nüsslein-Volhard, Christiane: Das Werden des Lebens. Wie Gene die Entwicklung steuern. München 2004. S. 52.
11 vgl. Jonas, Hans: Technik, Medizin und Ethik. Praxis des Prinzips Verantwortung. Frankfurt a. Main 1987. S. 100.
12 ebenda, S. 99.
13 ebenda, S. 90.
14 »Über deutschen Forschern hängt ein Damoklesschwert«, Frankfurter Allgemeine Zeitung v. 22. 12. 2006.
15 http://www.dhgp.de/media/index.html v. 17. 1. 2006
16 ebenda.
17 zum Folgenden vgl. Bodden-Heinrich, Ruth/Cremer, Thomas / Decker, Karl / Hepp, Hermann / Jäger, Willi / Günter, Rager / Wickler, Wolfgang: Beginn und Entwicklung des Menschen: Biologisch-medizinische Grundlagen und ärztlich-klinische Aspekte. In: Rager, Günter (Hg.): Beginn, Personalität und Würde des Menschen, Freiburg i. Breisgau 1998. S. 15–159, hier S. 32 ff.; Fischer, Ernst-Peter: Das Genom. Frankfurt a. Main 2002; Nüsslein-Volhard, Christiane wie Anm. 10, hier S. 26–65.
18 vgl. Pressemitteilung der Max-Planck-Gesellschaft v. 20. 10. 2004.
19 Lewis, Clive Staples: Die Abschaffung des Menschen. 4. Aufl., Freiburg i. Breisgau 1993. S. 62.
20 McKibben, Bill: Genug! Der Mensch im Zeitalter seiner gentechnischen Reproduzierbarkeit. Berlin 2003. S. 25.
21 Kissler, Alexander: Der geklonte Mensch: Das Spiel mit Technik, Träumen und Geld. Freiburg i. Breisgau 2006. S. 10.
22 »Es wäre nicht wünschenswert, immer dieselbe Version des Menschen zu produzieren«, Die Tagespost v. 6. 2. 2003.
23 ebenda.
24 vgl. Pressemitteilung des Deutschen Humangenomprojekts v. 26. 6. 2000.
25 ebenda.
26 Singer, Peter: Willkommen auf dem Genbasar. Einkaufsbummel im Supermarkt der Gene. ZfK 3/2000.
27 vgl. Anm. 8, S. 44.

»Ich möchte nicht so weit gehen zu behaupten, dass Wissen und Weisheit einander ausschließen; aber sie sind keineswegs kommunizierende Gefäße und der Stand des einen ist ohne Einfluss auf den anderen.«

ERWIN CHARGAFF
»Das Feuer des Heraklit«

KAPITEL 2

Regenerative Medizin

Wie der demographische Wandel, eine »vergreisende Gesellschaft« und fehlende Werte neue Märkte schaffen

Der Philosoph Epikur von Samos (341–270 v. Chr.) war der Ansicht, der Tod könne den Menschen bereits zu Lebzeiten kalt lassen. In seinem Brief an Menoikeus behauptet Epikur: »Das schauerlichste Übel also, der Tod, geht uns nichts an; denn solange wir existieren, ist der Tod nicht da, und wenn der Tod da ist, existieren wir nicht mehr.«[1] Dieser gewagten These kann sich inzwischen niemand mehr anschließen. Und zwar ganz unabhängig davon, ob Epikur recht hat oder ob uns – wie dies Christen, Juden und Muslime glauben – das Leben mit dem Tod statt genommen, nur gewandelt wird.[2] Heute geht der Tod uns alle an. Denn er ist praktisch unbezahlbar geworden.

»Der teuerste Tag Ihres Lebens ist der Tag, an dem Sie sterben werden«, zitiert Frank Schirrmacher, Mitherausgeber der Frankfurter Allgemeinen Zeitung und Autor des Buchs »Das Methusalem-Komplott«, den ehemaligen Gesundheitsminister der USA, Luis W. Sullivan. Er rechnete vor, dass im Land der unbegrenzten Möglichkeiten rund die Hälfte der Gesundheitskosten, die ein Mensch in seinem Leben verursacht, in den letzten beiden Monaten anfallen.[3]

Auch in Deutschland werden die Gesundheitskosten immer stärker in den Blick genommen. Im Sommer des Jahres 2004 legte das Statistische Bundesamt in Wiesbaden erstmals eine Gesamtdarstellung der Gesundheitskosten, aufgeteilt nach Krankheit, Alter und Geschlecht, für das Jahr 2002 vor. Die nächste Gesamtdarstellung soll für das Jahr 2006 erfolgen und wird voraussichtlich im Jahr 2008 vorgestellt werden. Laut dem Präsidenten des Statistischen Bundesamts, Johann Hahlen, leistet dieses neue, bis dahin unübliche Instrument »einen wichtigen Beitrag« zu der »aktuellen gesundheitspolitischen Diskussion«, indem sie »mit aussagekräftigen und differenzierten Informationen über die durch einzelne Krankheiten verursachten Kosten Transparenz schafft«.[4]

Und die sieht so aus: Im Jahr 2002 haben wir zur Behandlung von Krankheiten rund 224 Milliarden Euro aufgewendet. Während auf die Behandlung von Kindern und Jugendlichen, die rund 15 Prozent der Gesamtbevölkerung stellten, nur 5,5 Prozent der gesamten Krankheitskosten entfielen, beliefen sich die Kosten für die Behandlung der Senioren (65 Jahre und älter), die etwa 17 Prozent der Gesamtbevölkerung stellen, auf rund 43 Prozent. Im Vergleich zu ihnen verursachte die erwerbsfähige Bevölkerung, Menschen im Alter zwischen 15 bis 65 Jahren, deren Anteil im Jahr 2002 an der Gesamtbevölkerung bei 67,5 Prozent lag, einen vergleichsweise geringen Anteil an den gesamten Krankheitskosten in Höhe von 51,5 Prozent.[5]

In einer gesunden Gesellschaft stellt die selbstverständliche Tatsache, dass das Gros der Gesundheitskosten, die Menschen verursachen, nun einmal im Alter anfällt, kein nennenswertes Problem dar. Schließlich lassen sich in einer solchen

Gesellschaft die Kosten für die Gesundheit problemlos auf die nachfolgende Generation »vererben«. Diese übernimmt mit ihren Beiträgen zur Krankenversicherung die Kosten, welche die vorausgegangene Generation im Alter verursacht. Ist sie selbst an der Reihe, kommt die übernächste Generation für die Kosten auf. Und so weiter.

Nur sind wir eben keine gesunde Gesellschaft mehr, wie wir spätestens seit Büchern wie »Die demographische Zeitenwende« (2001), »Die Pyramide steht Kopf« (2003), »Das Methusalem-Komplott« (2004), »Kinderlos« (2004), »Die ausgefallene Generation« (2005) und »Minimum« (2006) wissen. Uns fehlen die Kinder, auf die wir die Kosten, die für die Wiederherstellung unserer Gesundheit anfallen, im Rahmen des Generationenvertrags vererben könnten.

Seit 1972 liegt die tatsächliche Fertilitätsrate mit 1,3 Kindern pro Frau konstant unter der für die Bestandserhaltung notwendigen Reproduktionsrate von 2,1 Kindern pro Frau. Die Folge: »In Deutschland wird jede Elterngeneration nur zu zwei Dritteln durch Kinder ersetzt. Im Laufe der Jahre entsteht so ein dramatisches Defizit an Kindern.«[6]

Die Konsequenzen, die sich daraus ergeben, sind gewaltig, wie ein Blick in die zehnte koordinierte Bevölkerungsvorausberechnung des Statistischen Bundesamts zeigt: Überstieg die Zahl der Sterbefälle im Jahr 2002 die Zahl der Geburten noch um 72 000, so werden Mitte des Jahrhunderts 576 000 mehr Särge als Wiegen benötigt, wird die Zahl der Einwohner trotz einer angenommenen Zuwanderung von 200 000 Menschen pro Jahr auf 75 Millionen sinken. Im Jahr 2050 wird den Wiesbadener Berechnungen zufolge dann jeder Dritte in Deutschland 60 Jahre und älter sein. Der Anteil der über 80-Jährigen wird von heute 4 Prozent auf 12 Prozent steigen.[7]

Nun ist Deutschland keineswegs das einzige Land, das aufgrund anhaltender Kinderlosigkeit vergreist, wie der Journalist und Sachbuchautor Stephan Baier in seinem Buch »Kinderlos – Europa in der demographischen Falle« zeigt. »Das Problem betrifft mit Ausnahme Albaniens alle europäischen Staaten.«[8]

Während etwa Finnland, Großbritannien und die Niederlande im europäischen Vergleich mit einer Fertilitätsrate von jeweils 1,7 Kindern pro Frau bereits beeindrucken, liegen Polen und Litauen mit 1,3 Kindern gleichauf mit Deutschland; nur noch unterboten von Spanien und Italien, die sich mit einer Reproduktionsrate von 1,2 Kindern pro Frau zufriedengegeben haben.[9]

Europa stirbt aus. »Ich möchte nicht so weit gehen zu behaupten, dass Wissen und Weisheit einander ausschließen; aber sie sind keineswegs kommunizierende Gefäße und der Stand des einen ist ohne Einfluss auf den anderen«, schreibt Erwin Chargaff in seiner Autobiographie »Das Feuer des Heraklit«.[10] Wie wahr! Just da sich die Staaten Europas stolz als »Wissensgesellschaften« begreifen, zeichnet sich am Horizont ihr Untergang ab.

Wie schwer der Mangel an Weisheit wiegt, zeigt unter anderem die Tatsache, dass mit der aus der Kinderlosigkeit resultierenden Überalterung der Gesellschaft auch die finanzielle Last wächst, die die Erwerbstätigen schultern müssen: »Im Jahr 1995 standen in Deutschland 100 Erwerbstätigen 36 Personen im Rentenalter gegenüber; 2001 waren es bereits 44 Personen und im Jahr 2050 werden es 78 Personen sein.«[11]

Damit nicht genug: Künftig stehen sich Erwerbstätige und Rentner auch immer länger gegenüber. Denn aufgrund des Fortschritts in der Medizin werden wir immer älter. So lässt sich der rapide Anstieg der durchschnittlichen Lebenserwartung von 48,3 Jahren für Männer und 46,3 Jahren für Frauen im Jahr 1900 auf 74,2 Jahre für Männer und 79,9 Jahre für Frauen im Jahr 2000[12] im Wesentlichen auf die Erfolge zurückführen, welche die Medizin in der Behandlung von Infektionskrankheiten und Herzkreislauferkrankungen feiern konnte. Das Statistische Bundesamt gibt die durchschnittliche Lebenserwartung in Deutschland aktuell mit 76,2 Jahren für Männer und 81,8 Jahren für Frauen an.[13] Und auch für die Zukunft dürfen wir dank einer immer leistungsfähigeren Medizin mit einer kontinuierlichen Steigerung der Lebenserwartung rechnen. Laut James W. Vaupel, dem Direktor des Max-Planck-Instituts für demographische Forschung in Rostock, wächst die Lebenserwartung der Europäer und Amerikaner derzeit pro Jahr um drei Monate.[14] Anders ausgedrückt: Der Himmel wird immer länger auf uns warten müssen.

Es gibt wahrscheinlich nur wenige Menschen, bei denen der Gedanke an den aufgeschobenen Tod auf Anhieb Kopfschmerzen hervorruft. Und doch wäre angesichts der realen Begleitumstände wohl kein anderer dazu besser geeignet. Denn es lässt sich nun einmal nicht leugnen: Wer länger lebt, wird öfter krank. Und weil die Wiederherstellung der Gesundheit zum Nulltarif noch nicht erfunden wurde, verursacht eine steigende Lebenserwartung auch steigende Gesundheitskosten.

Da die für ihre einfache Bewältigung erforderlichen Menschen bei uns jedoch nie geboren wurden – allein 8 Millionen von ihnen wurden, wie der Sozialwissenschaftler Manfred Spieker vorrechnet,[15] in den vergangenen drei Jahrzehnten durch Abtreibungen getötet – suchen wir nun verzweifelt nach Strategien, mit denen sich die steigenden Gesundheitskosten in den Griff bekommen lassen.

Die einfachste und preiswerteste Möglichkeit bestünde darin, die Menschen so frühzeitig ins Grab zu dirigieren, dass ein Großteil der Kosten, die ihr Weiterleben verursachen würde, erst gar nicht anfällt. Auch in Deutschland wird daher wieder zunehmend für die Euthanasie geworben. Denn ginge es bei der als »Tötung auf Verlangen«, »ärztlich assistiertem Selbstmord« und »aktiver Sterbehilfe« verharmlosten Euthanasie nur oder auch nur in erster Linie darum, sicherzustellen, dass Menschen keine unerträglichen Schmerzen leiden, so müssten sich die Befürworter der Euthanasie vehement für die Förderung der Palliativmedizin einsetzen, die genau das bereits leistet. Dass sie dies unterlassen, liegt daran, dass die moderne Schmerzmedizin Geld kostet, während die Euthanasie Geld spart, indem sie jene, die Kosten verursachen, kurzerhand beseitigt.

Auf einem vom Institut für Gesellschaftswissenschaften Walberberg veranstalteten Symposium »Sterbehilfe in der Industriegesellschaft« prognostizierte der Bonner Strafrechtler Günther Jakobs bereits vor drei Jahren nicht nur die Abschaffung des Straftatbestands der »Tötung auf Verlangen«. Er forderte auch noch, die dann notwendig werdende gesetzliche Regelung der Euthanasie müsse sich an »objektiven Mustern« orientieren. Was Jakobs unter objektiv verstand, führte der angesehene Jurist in der anschließenden Diskussion aus. »Beurteilten mehrere Ärzte das weitere Leben eines Patienten ›objektiv‹ als ›sinnlos‹, dann könne auch der ›subjektive‹ Wunsch des Patienten, nicht getötet zu werden, die Ärzte nicht verpflichten, zu unterlassen, was in einem solchen Fall angezeigt sei.«[16]

Dem Straubinger Krebschirurgen Heinrich Männl, der einwarf, er sei zwar »nicht blauäugig genug« anzunehmen, »dass die Euthanasie nicht komme«, hoffe aber, die Ärzte entzögen sich einem solchen Auftrag, wenn ihnen klar würde, dass sie »nur benutzt« würden, beschied Jakobs kühl: »Die Ärzte machen das schon. Eine Profession, die keine Probleme damit hat, jährlich rund 200 000 Embryos zu töten, wird auch mit der Tötung auf Verlangen keine unüberwindbaren Probleme haben – vorausgesetzt die Gebührenordnung stimmt.« Auf die Frage, ob der Ruf nach der Euthanasie als Beitrag zur Sanierung des Gesundheitssystems verstanden werden müsse, führte Jakobs, ähnlich wie Sullivan, aus, statistisch betrachtet fielen mehr als die Hälfte der Gesundheitskosten, die ein Mensch verursache, in den letzten beiden Lebensjahren an, und fügte hinzu: »Das können wir doch nicht einfach so fortschreiben.«

Die Proteste, die daraufhin in dem Plenum erschollen, das gar nicht glauben wollte, was es da zu hören bekam, quittierte der Jurist, der für sich in Anspruch nahm, sowohl für die Mehrheit seiner Profession, als auch für die Mehrheit der Bevölkerung zu sprechen, mit der Bemerkung: »Meine Generation wird es sich jedenfalls nicht gefallen lassen, dass eine religiöse Minderheit der Gesellschaft vorschreiben will, was sie tun und lassen darf.«[17]

Ein Satz, der vielen der damals Anwesenden noch heute in den Ohren hallen dürfte. Und dies weniger wegen seines Inhalts, sondern vielmehr aufgrund des Tons, in dem er vorgebracht wurde. Denn was Jakobs sagte, klang keineswegs nach einer Drohung. Es klang nach einer Mitteilung, wie sie Sieger den Besiegten nach einer verlorenen Schlacht zustellen lassen.

Nun ist der Versuch, die Euthanasie wieder salonfähig zu machen, nicht die einzige Strategie, mit der die aus dem Ruder laufenden Gesundheitskosten unter Kontrolle gebracht werden sollen. Eine andere, von der sich viele neben einer nachhaltigen Kostensenkung künftig auch noch exorbitante Gewinne versprechen, ist die so genannte Regenerative Medizin.

Die Regenerative Medizin ist ein noch junges Fachgebiet der Medizin. Der erste Weltkongress für Regenerative Medizin fand im Jahr 2003 in Leipzig statt. Unter dem Begriff der Regenerativen Medizin werden bislang ganz verschiedene Ansätze zur Wiederherstellung von Gewebe- oder Organfunktionen subsumiert. Dazu zählen laut dem Bundesbericht Forschung 2006 »Zelltherapien und andere Verfahren, die das Regenerationspotenzial von Stammzellen nutzen«.[18] Bereits »etabliert und kommerziell verfügbar sind«, so der Bericht weiter, »Züchtungen von Knorpel- und Hautersatz«. Andere Ansätze, etwa zur »Regeneration von Herzmuskelgewebe, Nerven- und Bauspeicheldrüsenzellen« befänden sich noch in einem experimentellen Stadium, wo sie gegenwärtig überwiegend in Tierversuchen erprobt würden.[19]

Weil der demographische Wandel Deutschland – sowie alle anderen Industrienationen – wenn auch langsam, so doch sicher in Altersheime verwandeln wird, wird auch der Bedarf an Transplantaten ganz neue Dimensionen annehmen. Bereits 1995 sah sich die UNESCO zu der Prognose veranlasst, ab dem Jahr 2001 werde jeder zweite chirurgische Eingriff eine Transplantation von Organen, Gewebe oder Zellen sein.[20] Und Wolfgang Rüdinger, Geschäftsführer der Weinheimer Biotech-Firma Cytonet, dem größten und erfolgreichsten Zelltherapie-Unternehmen Deutschlands, ist sich sicher, dass angesichts des wachsenden Bedarfs an Spenderorganen eine für alle Patienten ausreichende Menge an Zellen nur durch Vermehrung von Stammzellen erreicht werden könne.

So sterben in Deutschland jedes Jahr rund 100 000 Menschen an Leberversagen. Doch nur für 700 Patienten steht ein passendes Organ zu Verfügung. Die Kosten für eine einzige Lebertransplantation belaufen sich nach Angaben von Cytonet auf 150 000 bis 200 000 Euro. Darüber hinaus müssen

Patienten, denen eine Leber erfolgreich transplantiert wurde, für den Rest ihres Lebens immunsuppressiv behandelt werden, da ihr Immunsystem die fremde Leber andernfalls abstoßen würde. Auch das verursacht Kosten. Zudem entfalten die auf dem Markt erhältlichen Immunsuppressiva auch eine Reihe unerwünschter Nebenwirkungen, die von einer verminderten Abwehrreaktion gegen Infektionen bis zum Auftreten von Müdigkeit oder Übelkeit reichen.

Eine aus körpereigenen Zellen im Labor gezüchtete und anschließend transplantierte Leber könnte einige dieser Probleme mit einem Schlag erledigen. Mit dem Ende der Organknappheit würde sich die oft aufwendige Suche nach einem geeigneten Spender erübrigen. Die Kosten für die Explantation des Spenderorgans würden ebenso entfallen wie die für die Immunsuppressiva und etwaige Folgebehandlungen zur Bekämpfung von Nebenwirkungen.

Die Verschiebung des Morbiditätsspektrums führt zudem dazu, dass immer mehr Menschen an so genannten Alterskrankheiten wie Alzheimer, Diabetes oder Parkinson erkranken. Krankheiten, die zwar höchst verschieden verlaufen, allesamt jedoch durch einen oft schleichenden Funktionsverlust wichtiger Zell- und Organsysteme gekennzeichnet sind und die, weil sie dauerhaft behandelt werden müssen, beträchtliche Gesundheitskosten verursachen.

»Die Regenerative Medizin befasst sich im Sinne einer umfassenden Zelltherapie mit der Wiederherstellung funktionsgestörter Gewebe und Organe«, erläutert Frank Emmrich, Leiter des im April 2005 gegründeten Fraunhofer-Instituts für Zelltherapie und Immunologie (IZI) in Leipzig. Dabei reicht das Einsatzspektrum der Regenerativen Medizin »von der Stimulation der körpereigenen Reparaturprozesse bis hin zum biologischen Ersatz durch gezüchtete Gewebe.«[21] Gelänge es auf diese Weise, Funktionsausfälle zu beheben, wären die Patienten auch hier nicht länger auf medikamentöse Therapien angewiesen, die ohnehin nur die Symptome kurieren, und, wie bei chronischen Krankheiten üblich, immense Kosten verursachen.

Die ökonomische Bedeutung der Regenerativen Medizin unterstreicht auch das Bundesministerium für Bildung und Forschung (BMBF). In einer vom BMBF herausgegebenen Broschüre mit dem Titel: »Regenerative Medizin und Biologie« heißt es: »Unbestritten hat die Regenerative Medizin ein großes Potential, nicht nur therapeutisch, sondern auch wirtschaftlich. (...) Die Aussicht, zum Beispiel einmal Diabetespatienten kurieren zu können, bedeutet neben dem Gewinn an Lebensqualität für die Betroffenen eine immense Entlastung des Gesundheitssystems und der Volkswirtschaft. Für die USA allein summieren sich die direkten (92 Mrd. US$) und indirekten Kosten (132 Mrd. US$) durch die chronische Krankheit auf stolze 224 Milliarden US$ pro Jahr. In ähnliche Dimensionen der Kostensenkung stieße man bei gezüchtetem Nierenersatz oder mit der Heilung von neurodegenerativen Erkrankungen.«[22]

Laut dem britischen Premierminister Tony Blair ist der Markt für Gehirnmasse, verschiedene Gewebearten und ganze Organe, die Forscher aus Stammzellen züchten wollen, »allein in Europa etwa 100 Milliarden Dollar schwer.«[23] Der Dolly-Schöpfer Ian Wilmut prognostizierte bei einem Vortrag in San Francisco im Juni 2005, dass »der globale Markt für Stammzellen- und Gewebezüchtung eine Milliarden-Dollar-Industrie« ins Leben rufe, in deren Gefolge tausende neuer Jobs entstünden.[24] Und Michael Ruhl, Principal der Düsseldorfer Unternehmensberatung Booz Allen Hamilton und bis 2002 CEO der Erkrather Bio-Tech-Firma Cardion ist gar überzeugt: »Die Stammzellforschung wird für die Pharmaindustrie eine vergleichbare Bedeutung haben wie das Betriebssystem Windows für die Computerindustrie.«[25] Sehen wir uns daher nun die Stammzellforschung mit ihren beiden höchst unterschiedlich zu bewertenden Zweigen – der embryonalen und der adulten Stammzellforschung – ein wenig näher an.

---

1 Epikur, Brief an Menoikeus, 125.
2 vgl. Präfation von den Verstorbenen I: »(...) Denn deinen Gläubigen, o Herr, wird das Leben gewandelt, nicht genommen. (...)«
3 Schirrmacher, Frank: Das Methusalem-Komplott, München 2004, zit. einmalige Sonderausgabe 2006. S. 124.
4 Statement von Johann Hahlen bei der Vorstellung »Krankheitskosten 2002« am 6. 7. 2004.
5 ebenda.
6 Blasel, Veronika: »Abtreibung und Demografie.« In: LebensForum Nr. 68 (2003) S. 4–5. Hier S. 4
7 http://www.destatis.de/presse/deutsch/pk/2003/Bevoelkerung_2050.pdf
8 Baier, Stephan: Kinderlos. Europa in der demographischen Falle. Aachen 2004. S. 27
9 vgl. ebenda. S. 27 f.
10 Chargaff, Erwin: Das Feuer des Heraklit. Skizzen aus einem Leben vor der Natur. S. 155.
11 Wie Anm. 7.
12 Fukuyama, Francis: Das Ende des Menschen. Stuttgart, 2002. S. 88.
13 vgl. Pressemitteilung des Statistischen Bundesamts v. 19. 10. 2006.
14 vgl. »Deutschlands größte Herausforderung«. Frankfurter Allgemeine Zeitung vom 8. 2. 2004.
15 vgl. Spieker, Manfred: »Acht Millionen. Zur Kultur des Todes in Deutschland.« In: LebensForum Nr. 70 (2004) S. 4–7.
16 Rehder, Stefan: »Sterbehilfe in der Industriegesellschaft.« In: LebensForum Nr. 70 (2004). S. 24.
17 ebenda.
18 Bundesministerium für Bildung und Forschung (Hrsg.): »Bundesbericht Forschung 2006« S. 297.
19 vgl. ebenda.
20 Die Tagespost v. 23. 12. 2000.
21 Pressemitteilung der Fraunhofer Gesellschaft v. 29. 4. 2005.
22 Bundesministerium für Bildung und Forschung (Hrsg.): »Regenerative Medizin und Biologie«, Bonn 2005. S. 42.
23 Die Tagespost v. 23. 12. 2000.
24 Die Wochenzeitung v. 27. 4. 2006.
25 Der Spiegel, 20/2001.

»Blinde sehen, Lahme gehen, Aussätzige werden rein,
Taube hören, Tote stehen auf,
Armen wird das Evangelium verkündet.«
MATTHÄUS 11,5

KAPITEL 3

Blinde sehen, Lahme gehen

Die utopischen Heilungsversprechen der Stammzellforscher

Stammzellen sind der Stoff, aus dem die Träume der Regenerativen Medizin gewebt werden. Aus ihnen wollen Wissenschaftler Ersatzgewebe und sogar ganze Organe für den Reparaturbetrieb am Menschen züchten. Bereits 1995 bekannten die beiden Pioniere des so genannten »Tissue Engineering«, Robert Langer und Joseph Vacanti, in einem mit »Künstliche Organe« betitelten Beitrag für den »Scientific American«: »Das Ziel ist, Organe herzustellen, statt sie einfach herumzuschieben.«[1] Wie der renommierte Trendforscher Jeremy Rifkin in seinem Buch »Das biotechnische Zeitalter« schreibt, prognostizierten »die Forscher, die auf diesem neuen Gebiet arbeiten«, »bis zum Jahr 2020« würden sich »etwa 95 Prozent aller menschlichen Körperteile durch im Labor gezüchtete Organe« ersetzen lassen.[2]

In der Theorie ist das ganz einfach: Man nehme einige Zellen, vermehre sie im Labor und transplantiere diese anschließend dem Patienten. Übernähmen sie dort die Funktion der zerstörten Zellen, wäre der Patient geheilt. Da sich jedoch

Zellen, die im Organismus bereits eine Funktion ausüben, im Labor nicht mehr vermehren lassen, kommen die Stammzellen ins Spiel. Als Stammzellen werden Zellen bezeichnet, die – anders als zum Beispiel Blut-, Haut-, Herz-, Leber-, Muskel- oder Nervenzellen – noch keine spezifische Aufgabe im Körper wahrnehmen. Sie kommen in nahezu allen Organen im Organismus vor und dienen dort als »stille Reserve«. Mit ihrer Hilfe regenerieren sich die Organe selbst, wenn auch in bescheidenerem Umfang als den Forschern vorschwebt. So werden etwa Wunden geschlossen, indem der Körper aus Stammzellen neues spezifisches Gewebe bildet.[3]

Dass sich Stammzellen bei vielen Wissenschaftlern, Pharmakonzernen und Investoren derart großer Beliebtheit erfreuen, verdanken sie im Wesentlichen zwei ihrer Eigenschaften: der Fähigkeit, sich selbst zu replizieren und der Fähigkeit, sich in spezifische Gewebezellen zu »differenzieren«. Auf diese Weise können sich zum Beispiel Stammzellen des Knochenmarks nicht nur in Blutzellen verwandeln, sondern auch in Leber- oder Herzmuskelzellen.[4]

Für gewöhnlich werden adulte und embryonale Stammzellen unterschieden. Während adulte Stammzellen an zahlreichen Orten im Organismus von geborenen Menschen angetroffen werden können – etwa in der Nabelschnur, im Rückenmark, im peripheren Blut, in der Leber, im Gehirn, in Haarfollikeln, Muskeln, in der Bauchspeicheldrüse und selbst im Fettgewebe[5] –, kommen embryonale Stammzellen nur im Embryo vor. Während sich adulte Stammzellen aus einem Organismus gewinnen lassen, ohne dass dieser Schaden nimmt, muss der Embryo für die Entnahme embryonaler Stammzellen getötet werden.

In der Regel werden embryonale Stammzellen deshalb bislang hauptsächlich aus Embryonen gewonnen, die ursprünglich aus Anlass einer künstlichen Befruchtung erzeugt worden waren, diesem Zweck nun jedoch nicht mehr zugeführt werden sollen. Zum Zeitpunkt der Stammzellentnahme ist der Embryo vier bis fünf Tage alt und besteht aus rund 100 Zellen. Aus diesem Grund halten zahlreiche Wissenschaftler die Ablehnung, auf die eine Embryonen verbrauchende Stammzellforschung bei vielen Menschen stößt, deren Blick nicht regelmäßig durch das Okular eines Mikroskops begrenzt wird, für reichlich überzogen oder gar hysterisch. Im Anschluss an dieses Kapitel werden wir uns daher auch mit den erstaunlichen Irrtümern beschäftigen, auf denen eine solche Auffassung basiert, und zeigen, wie zutreffend stattdessen die Ansicht derjenigen ist, die meinen, der Embryo habe auch in diesem Stadium ein Anrecht auf einen wirksamen Schutz seines Lebens.

Vor allem embryonale Stammzellen werden von Forschern, wenn sie sich einem breiten Publikum verständlich machen wollen, häufig mit Metaphern wie »Zauberformel« oder »Heiliger Gral« umschrieben. Dabei wird der Eindruck erweckt, als ließen sich mit ihnen wahre Wunder vollbringen.

So erwartet der amerikanische Stammzellforscher James A. Thompson, dem es 1998 als Erstem gelang, embryonale Stammzellen des Menschen im Labor dauerhaft zu kultivieren, von den auch als »Alleskönnern« gehandelten Zellen eine »unbegrenzte Versorgung mit spezifischen Zelltypen zu Transplantationszwecken für eine ganze Reihe von Erkrankungen, vom Herzinfarkt über Morbus Parkinson bis zur Leukämie«.[6] Ähnlich vollmundig versprach der Bonner Stammzellforscher Oliver Brüstle, der als erster Forscher in Deutschland mit menschlichen embryonalen Stammzellen zu arbeiten begann, zu Beginn der Debatte »Nervenzellen für Parkinson-Patienten, Herzmuskulatur für Infarktopfer, insulinbildende Zellen für Diabetiker und blutbildende Zellen für Leukämiekranke«.[7] Und der Gynäkologe und studierte Theologe Johannes Huber, einst Sekretär von Kardinal Franz König in Wien, heute Professor für Endokrinologie und Reproduktionsmedizin sowie Vorsitzender der österreichischen Bioethik-Kommission, rief in einer Publikation, die er zusammen mit Robert Buchacher, Leiter des Wissenschaftsressorts des Wiener Nachrichtenmagazins »Profil« verfasste, unlängst sogar das »Ende des Alters« aus.[8] Stammzellen könnten, so Huber und Buchacher, die Alterungsprozesse »im Herz, in den Muskeln im Immunsystem, ja sogar im Gehirn« bremsen und »selbst Menschen jenseits der 100 zu einem erfüllten und fitten Leben« verhelfen.[9] Einige Forscher scheuen nicht einmal konkrete Zeitangaben. So äußerte etwa der Stammzellforscher Robert Lanza, Medizinischer Direktor der Biotech-Firma »Advanced Cell Technology« im Jahr 2004: »Aus embryonalen Stammzellen erzeugte, gut untersuchte und einfach zu kultivierende Zelltypen wie Dopamin-Neuronen oder Pigment-Epithelzellen der Netzhaut könnten in weniger als zwei Jahren für Studien an Patienten bereitstehen.«[10]

Die Aufzählung solcher Verheißungen ließe sich fast beliebig fortsetzen. Unwillkürlich drängt sich da die Stelle aus dem Matthäus-Evangelium auf, in welcher der Evangelist Matthäus berichtet, wie Johannes der Täufer seine Jünger zu Jesus schickt und ihn fragen lässt: »Bist du es, der kommen soll, oder sollen wir auf einen anderen warten?«[11] und Jesus antwortet: »Geht hin und berichtet dem Johannes, was ihr hört und seht: Blinde sehen wieder, Lahme gehen, Aussätzige werden rein, Taube hören, Tote stehen auf, Armen wird das Evangelium verkündet; und selig ist, wer nicht Anstoß nimmt an mir.«[12]

Doch wie realistisch sind die messianischen Heilungsversprechungen der Mediziner und Forscher, mit denen die modernen »Götter in Weiß« um sich werfen? Wer die Publikationen, in denen sie ihre Ergebnisse veröffentlichen, einer nüchternen Prüfung unterzieht, reibt sich die Augen angesichts der offensichtlichen Skrupellosigkeit, mit der Vertreter der »New Science« bei kranken und leidenden Menschen Hoffnungen wecken. So kommt Gisela Lotter-Badura vom Interfakultären Zentrum für Ethik in den Wissenschaften (IZEW) an der Universität Tübingen in ihrer umfassenden Studie »Forschung an embryonalen Stammzellen« zu dem vernichtenden Ergebnis, die »Idee der Zell- und Gewebetransplantation in solide Organe« sei »weder für einzelne Krankheiten konzeptionell ausgereift« noch seien »die wesentlichen allgemeinen Voraussetzungen im Tierversuch überprüft worden«. Mehr noch: Es fehlten »grundsätzliche Informationen zu Langzeitintegration, kontrollierter Differenzierung sowie physiologischer oder therapeutischer Funktion in entsprechenden Tiermodellen für menschliche Krankheiten über einen längeren Zeitraum«. Sämtliche der »allgemein im Gespräch befindlichen Krankheiten, für die eine Stammzelltherapie anvisiert wird«, wiesen »sehr unterschiedliche Krankheitsursachen und Verläufe auf«. Und für keine Einzige sei, so Lotter-Badura, »bislang der Nachweis eines längerfristigen therapeutischen Effekts sicher nachgewiesen worden«. Daher werde »für jede einzelne Krankheit« noch zu prüfen sein, »ob und wie eine Stammzelltherapie hilfreich sein kann«.[13]

Zu einer ähnlichen Einschätzung kommt eine Anfang des Jahres veröffentlichte Expertise der Wissenschaftlichen Dienste des Deutschen Bundestags. Darin heißt es: »Die Potenziale der embryonalen Stammzellen werden in den Medien regelmäßig als sehr groß dargestellt und Anwendungen nicht selten binnen einiger Jahre in Aussicht gestellt.«[14] Tatsächlich kann davon jedoch keine Rede sein, wie die Ausarbeitung klar stellt: »In Anbetracht der Tatsache, dass noch keine klinische Studie begonnen wurde«, müsse davon ausgegangen werden, »dass eine medizinische Therapie mit embryonalen Stammzellen, wenn überhaupt, dann eher in einem Zeithorizont von 20 Jahren« realisiert werden könnte.[15]

Mit anderen Worten: Die Forscher, die mit embryonalen Stammzellen arbeiteten, haben ihre Hausaufgaben nicht gemacht. Dies gilt umso mehr, als einige Studien begründete Zweifel an der grundsätzlichen Eignung embryonaler Stammzellen für eine spätere Therapie aufkommen lassen. So neigen aus embryonalen Stammzellen gezüchtete differenzierte Zellen zum Beispiel massiv dazu, Tumoren auszubilden; ein Phänomen, das in Kapitel 9 ausführlich behandelt werden wird. Erschwerend kommt hinzu, dass aus embryonalen Stammzellen gezüchtetes Gewebe vom Organismus des Empfängers als fremdes erkannt wird. Im Falle einer Transplantation ist daher mit der Abstoßung des fremden Gewebes zu rechnen. Anders als bei adulten Stammzellen, die im Idealfall vorher dem Empfänger des aus ihnen gezüchteten Gewebes entnommen werden, würde eine Therapie mit embryonalen Stammzellen eine lebenslange Immunsuppression erforderlich machen. Die Patienten müssten mit denselben Begleiterscheinungen leben, die auch mit der Organtransplantation verbunden sind, wie etwa einer massiven Infektionsgefahr und einer langfristigen Organvergiftung. Die viel gepriesenen Kostenvorteile für das Gesundheitssystem würden in einem solchen Falle entweder ganz entfallen oder aber erheblich schrumpfen.

Auch die Aussagekraft der bislang experimentell im Tierversuch erzielten Heilungserfolge ist durchaus anfechtbar. Laut Badura-Lotter, welche die Forschung mit embryonalen Stammzellen keinesfalls rundum ablehnt, »lässt sich feststellen: dass bis auf zwei Ausnahmen alle bisherigen Transplantationsversuche« mit embryonalen Stammzellen im Tiermodell »nur über einen verhältnismäßig kurzen Zeitraum von zwei bis max. acht Wochen durchgeführt wurden«. In der Regel seien dabei »auch nur wenige Versuchstiere« – teilweise ohne Kontrollgruppen – eingesetzt worden, was »den Wert der statistischen Aussagen« stark einschränke. Damit nicht genug, »scheint der Zeitfaktor durchaus eine entscheidende Rolle zu spielen«, da in Versuchen, die sich über einen Zeitraum von zwölf Wochen erstreckten, ein »Rückgang der anfangs erzielten Heilungseffekte« beobachtet wurde.[16]

»Die Frage, wie sich embryonale Stammzellen im Gehirn erwachsener Tiere, die unter einer häufigen menschlichen Erkrankung wie der Multiplen Sklerose oder dem Morbus Parkinson leiden, neurophysiologisch verhalten würden, ist derzeit nicht beantwortet«, bestätigt auch Axel W. Bauer, Koordinator des Querschnittsbereichs Geschichte, Theorie und Ethik der Medizin von der Fakultät für Klinische Medizin Mannheim der Ruprecht-Karls-Universität in Heidelberg. So gäbe es bislang nicht einmal im Tierversuch hinreichende Belege dafür, dass im Labor gezüchtetes Nervengewebe nach der Transplantation auch richtig funktioniert. »Die anatomische Beobachtung von eingewachsenem Gewebe garantiert«, so Bauer, »nicht schon automatisch dessen physiologisch ordnungsgemäße Funktion.«[17]

Wie recht Bauer hat, belegen auch zwei Experimente, mit denen Forscher zu zeigen versuchten, dass aus embryonalen Stammzellen gezüchtetes Gewebe erfolgreich zur Bekämpfung von Diabetes eingesetzt werden kann. So berichtete zunächst Ronald McKay von den US-amerikanischen Nationalen Gesundheitsinstituten in Bethesda im US-Bundesstaat Maryland im Jahr 2001, seine Arbeitsgruppe habe aus embryonalen Stammzellen im Tierversuch mit Mäusen insulinproduzierende Zellen gezüchtet. Als zwei Jahre später jedoch Douglas A. Melton vom Howard Hughes Medical Institute der Harvard-Universität in Cambridge im US-Bundesstaat Massachusetts McKays Ergebnisse reproduzieren wollte, musste er feststellen, dass die aus embryonalen Stammzellen gezüchteten Zellen keineswegs in der Lage waren, das Insulin zu produzieren. Stattdessen fand er heraus, dass die im Labor gezüchteten Zellen das zur Heilung von Diabetes notwendige Hormon aus dem Nährmedium aufgenommen hatten.[18]

»Man sollte nicht so tun, als hänge das Heil der Patienten an der Forschung mit embryonalen Stammzellen«,[19] äußerte Ende 2006 der Vorsitzende des Bundesverbands der Pharmazeutischen Industrie (BPI) Bernd Wegener. »Medizinisch« sei davon »nur in ganz wenigen Bereichen etwas zu erwarten – vielleicht zur Unterstützung von Keimbahntherapien«,[20] so Wegener weiter. Dass den BPI-Chef dabei nicht grundsätzliche Bedenken gegen die Tötung von Embryonen treiben, zeigt ein Blick auf die Produktpalette seines eigenen Biotech-Unternehmens. Denn Wegeners Brahms AG mit Firmensitz Hennigsdorf bei Berlin entwickelt auch eine Reihe von Gentests für die Pränatale Diagnostik, mit der schwangere Frauen ihr ungeborenes Kind auf Fehlbildungen testen lassen können; so etwa auch auf das Down-Syndrom (Trisomie 21), dessen Diagnose heute in nahezu jedem Fall eine Abtreibung nach sich zieht.

Wenn daher Wegener feststellt, »die wesentlichen Ansätze für neue Therapien« kämen aus dem Bereich »der adulten Stammzellen«, über den kaum jemand spreche, während die Verarbeitung embryonaler Stammzellen »aus Pharmasicht heute nicht relevant sei«, wird ihm niemand den Vorwurf machen können, einem von nicht wenigen Zeitgenossen als ebenso unzeitgemäß wie hinderlich erachteten Embryonenschutz das Wort reden zu wollen.

Ob sie wissenschaftliche Argumente für ihre Ansicht in Feld führen können, oder ob sie stattdessen genauso ungedeckte Schecks ausstellen, wie die utopische Heilung versprechenden Forscher und Mediziner, das ist eine Frage, der wir uns nun zuwenden werden.

---

1 Langer, Robert and Joseph P. Vacanti: Artificial Organs. Scientific American, September 1995, S. 130–133. Hier S. 130.

2 Rifkin, Jeremy: Das biotechnische Zeitalter. Die Geschäfte mit der Gentechnik. München 2000. S. 57.

3 vgl. »Stand der Forschung und Potenziale von embryonalen und adulten Stammzellen«, Ausarbeitung der Wissenschaftlichen Dienste des Deutschen Bundestages WD 8 – 203/06 vom 17. 1. 2007. S. 5.

4 Huber, Johannes / Buchacher, Robert: Das Ende des Alterns. Bahnbrechende medizinische Möglichkeiten der Verjüngung. Stammzelltherapie – Organverjüngung. Berlin 2005. S. 113.

5 vgl. wie Anm. 3.

6 zit. n. Merkel, Reinhard: Forschungsobjekt Embryo. Verfassungsrechtliche und ethische Grundlagen der Forschung an menschlichen embryonalen Stammzellen. München 2002. S. 12.

7 »Gute Nacht Deutschland? Der Patient ist das Maß aller Dinge.« Frankfurter Allgemeine Zeitung v. 18. 8. 2000.

8 vgl. wie Anm. 4.

9 vgl. ebenda., Klappentext.

10 vgl. Lanza Robert, Rosenthal, Nadia: »Die Verheißungen von Stammzellen«. In: Spektrum der Wissenschaft, Dezember 2004, S. 34–40. Hier S. 39.

11 Mt, 11, 3.

12 Mt, 11, 4–6.

13 Lotter-Badura, Gisela: Forschung an embryonalen Stammzellen. Zwischen biomedizinischer Ambition und ethischer Reflexion. Frankfurt a. Main 2005. S. 331 f.

14 vgl. Anm. 3, S. 5

15 vgl. Anm. 12, S. 84.

16 vgl. Anm. 12, S. 124.

17 vgl. Bauer, Axel W.: Heilen durch Töten? Ethische Überlegungen zum moralischen Preis des medizinischen Fortschritts. Vortrag während eines von der Hanns-Seidel-Stiftung veranstalteten Seminars »Ethik des Heilens« v. 21. 5. 2006.

18 vgl. »Was Forscher treibt? Liefern die Stammzellen wirklich Insulin?« Frankfurter Allgemeine Zeitung v. 24. 1. 2003.

19 »Es geht auch um das Ego der Forscher.« Tagesspiegel v. 23. 11. 2006.

20 ebenda

»Daran erkenn ich den gelehrten Herrn!
Was ihr nicht tastet, steht euch meilenfern,
Was ihr nicht fasst, das fehlt euch ganz und gar,
Was ihr nicht rechnet, glaubt ihr, sei nicht wahr,
Was ihr nicht wägt, hat für euch kein Gewicht,
Was ihr nicht münzt, das meint ihr, gelte nicht.«

JOHANN WOLFGANG GOETHE
Faust II, 1. Akt, Saal des Thrones

KAPITEL 4

Wir »Zellhaufen« oder »der unterbestimmte Mensch«

Warum uns Naturwissenschaftler gewöhnlich zu wenig über den Menschen mitteilen

»Das Ganze ist mehr als die Summe seiner Teile.« Wer auch nur annähernd die vier Grundrechenarten beherrscht, dem wird dieser Satz, der dem griechischen Philosophen Aristoteles zugeschrieben wird, womöglich ein gewisses Unbehagen bereiten. Dennoch ist er wahr. Niemand wird zum Beispiel ernsthaft behaupten, Leonardo da Vincis Mona Lisa, die im Louvre in Paris hinter Panzerglas bestaunt werden kann, sei nichts anderes als eine Ansammlung verschiedener Farbpigmente unterschiedlicher Wellenlänge, die sich auf einem 76,8 x 53 cm großem Stück Pappelholz verteilt finden. Und doch wird der Naturwissenschaftler, wenn er sich daran machte, das Kunstwerk mit seinen wissenschaftlichen Methoden zu untersuchen, kaum etwas anderes feststellen können. Dass das so ist, liegt daran, dass jede Naturwissenschaft ihren Gegenstand erst durch Abstraktion gewinnt. Nur wer vom Ganzen absieht und sich seinen Teilen zuwendet, kann überhaupt auf die Idee kommen, diese näher bestimmen zu wollen.

Dagegen ist zunächst überhaupt nichts einzuwenden. Im Gegenteil: Sogar im Fall der Mona Lisa, die wohl kaum ein Objekt darstellt, das den Naturwissenschaftler als solchen begeistert, wäre dies nicht nur legitim, sondern auch der Erkenntnis förderlich. Eine Analyse der Farbpigmente könnte uns Aufschluss darüber geben, woraus die von Leonardo da Vinci benutzten Farben gewonnen wurden. Ein Vergleich mit den Analysen anderer Gemälde aus dieser Epoche erlaubte zumindest Spekulationen darüber, ob es Standards für die Herstellung von Farben gab, und falls ja, ob die von da Vinci benutzen Farben diesen entsprachen, oder ob er auch hinsichtlich ihrer Herstellung über besondere Fähigkeiten verfügte.

So bemerkenswert alle Erkenntnisse sein mögen, die Wissenschaftler über die Mona Lisa und seinen Schöpfer in Erfahrung bringen könnten, sobald sie dem Gemälde mit naturwissenschaftlichen Methoden zu Leibe rückten, soll uns doch etwas anderes interessieren. Nämlich das, worüber die Naturwissenschaften keine Aussagen machen können. Im Falle der Mona Lisa – und nicht nur hier – ist dies zugleich das Entscheidende. Denn nichts, was wir mit ihren Methoden messen können, würde uns verraten, dass es sich bei dem untersuchten Gegenstand um ein Porträt einer schönen Frau handelt, das von jemand anderem – in diesem Falle sogar von einem Genie – gefertigt wurde. Natürlich wissen wir, dass es sich bei dem Gegenstand um ein Gemälde handelt. Und dass Gemälde nur existieren, weil sie von jemandem gemalt wurden – wenn auch nicht notwendigerweise von einem Genie –, wissen wir auch. Aber all das wissen wir, weil wir es aus Erfahrung wissen, und nicht, weil wir es gemessen, sprich, weil wir Naturwissenschaft betrieben hätten.

Nehmen wir einmal an, uns fehlten diese anderen Erfahrungen. Wir wüssten also nicht, was ein Bild ist, und wüssten folglich auch nicht, dass Bilder von Künstlern gemalt werden. Im Fall der Mona Lisa würden wir natürlich immer noch die Frau erkennen. Aber bei einem abstrakten Gemälde – sagen wir von Wassily Kandinsky – verhielte es sich bereits ganz anders. Alles, was uns die Naturwissenschaften in diesem neuen Fall sagen könnten, würde unserem aus Erfahrung gewonnenen Wissen nun nicht mehr wertvolle Details hinzufügen, wie bei der Mona Lisa. Angesichts des Mangels anderer Erfahrungen wären die naturwissenschaftlichen Methoden nun die einzigen, mit denen wir etwas über den Gegenstand in Erfahrung bringen könnten. Würden wir mit ihrer Hilfe nun darauf kommen, dass es sich bei dem Gegenstand um ein Kunstwerk handelt und dass die Farbpigmente, die sich auf seiner Oberfläche feststellten lassen, keinesfalls einer zufälligen Anordnung unterliegen, sondern von jemandem – in unserem Fall Kandinsky – absichtlich dort aufgebracht wurden?

Natürlich nicht. Nie und nimmer kämen wir auf einen solchen Gedanken. Was ein Bild wäre, und welche Bedeutung die Farbpigmente besäßen, bliebe uns verborgen. Das wäre freilich keine Katastrophe. Es gibt viele ungelöste Rätsel. Auf eines mehr oder weniger kommt es da letztlich nicht an.

Problematisch würde es erst, wenn ein Naturwissenschaftler behauptete, das Gemälde von Kandinsky, das er als solches nicht erkennen kann, sei »nichts anderes als« ein Gegenstand, der eine von ihm nun näher bestimmte Ansammlung von Farbpigmenten aufweise. An die Stelle eines ungelösten

Rätsels träte nun ein falsch gelöstes Rätsel. Seine ganze Dramatik entfaltet unser Beispiel jedoch erst, wenn sich nun weitere Naturwissenschaftler, die sich um die Verwertbarkeit des neu gewonnenen »Wissens« sorgen, Gedanken machen, wie sich die Farbpigmente von dem vorgefundenen Gegenstand ablösen und zu etwas anderen verwerten lassen, das ihnen nützlicher und gewinnbringender zu sein scheint.

Man kann diesem Beispiel möglicherweise vorhalten, es sei reichlich konstruiert. Und doch lässt sich mit ihm – wenn auch nur in einem analogen Sinn – ziemlich genau zeigen, wie in den Naturwissenschaften derzeit überwiegend mit Embryonen verfahren wird. Denn hier treten Wissenschaftler und Ärzte auf und behaupten, der Embryo sei »nichts anderes als« eine bestimmte Ansammlung von Zellen, sprich ein »Zellhaufen«. Und so wenig wie der Wissenschaftler, der Kandinskys Kunstwerk als Ansammlung von Farbpigmenten unterbestimmt hätte, auf den Gedanken käme, es respektieren zu müssen, so wenig Respekt legen heute viele Wissenschaftler und Ärzte im Umgang mit dem Embryo an den Tag.

Man fühlt sich an Goethes Faust erinnert, genauer an Mephistopheles' Einlassungen im ersten Akt des zweiten Teils der Tragödie, wo es heißt:

»Daran erkenn ich den gelehrten Herrn!
Was ihr nicht tastet, steht euch meilenfern,
Was ihr nicht fasst, das fehlt euch ganz und gar,
Was ihr nicht rechnet, glaubt ihr, sei nicht wahr,
Was ihr nicht wägt, hat für euch kein Gewicht,
Was ihr nicht münzt, das meint ihr, gelte nicht.«[1]

Nun ist es allerdings keineswegs so, als seien die Naturwissenschaften genötigt, Objekte, die sich ihren Methoden entziehen, auch tatsächlich unterzubestimmen. Dies gilt nicht einmal für jene, über die sie in Ermangelung anderer Erfahrungen nichts weiter wissen können, als das, was sie mit ihren eigenen Methoden feststellen. Selbst im Falle unseres Kandinsky-Bilds könnte sich der Naturwissenschaftler auch damit begnügen, die Eigenschaften des Gegenstands, den er untersucht hat, so detailliert wie möglich zu beschreiben und zum Schluss kommen, mehr als das, was er hier zu Tage gefördert habe, könne er eben mit den derzeit verfügbaren Methoden seiner Profession nicht feststellen. So funktioniert alle seriöse Wissenschaft.

Seriös kann der Naturwissenschaftler über den Embryo daher nicht viel mehr sagen, als dass er aus Zellen besteht. Ihn als »Zellhaufen« zu bezeichnen, stellt bereits eine Abklassifizierung dar; eine negative Wertung, hinter der unausgesprochen die unwissenschaftliche Behauptung steckt, dieser sei »nichts anderes als« das. Wäre dies anders gemeint, als hier unterstellt, müsste von jedem Lebewesen als »Zellhaufen« gesprochen werden. Denn auch der ausgewachsene Mensch besteht ja aus Zellen.

Es gibt »Wissenschaftler«, die nicht einmal davor zurückschrecken, den ausgewachsenen Mensch derart unterzubestimmen: »Wir sind Überlebensmaschinen – Roboter, blind programmiert zur Erhaltung der selbstsüchtigen Moleküle, die Gene genannt werden«[2], schreibt etwa der Soziobiologe Richard Dawkins. Auch hier schwingt das »nichts anderes als« unausgesprochen mit. Dawkins, der Glauben übrigens für eine »Art Geisteskrankheit«[3] hält und derzeit einen »regelrechten Kreuzzug gegen die Kirchen organisiert«[4], ist das Paradebeispiel eines solchen Szientisten. Als solcher ist er zumindest konsequent. »Eine Mutter« ist für Dawkins denn auch nicht anderes als »eine Maschine, die so programmiert ist, dass sie alles in ihrer Macht Stehende tut, um Kopien der in ihr eingeschlossenen Gene zu verbreiten«.[5]

Dass hier von Dawkins gesprochen werden muss, liegt nicht daran, dass er ein besonders radikaler Vertreter seiner Zunft ist; sondern daran, dass sich viele seiner Kollegen von seinen nicht einmal besonders beeindruckenden Taschenspielertricks täuschen lassen. Sein Einfluss könne eigentlich nicht überschätzt werden, erklären die Biologen Alan Grafen und Mark Ridley, die im Jahr 2006 anlässlich des Erscheinens von Dawkins Buch »Das egoistische Gen« vor drei Jahrzehnten, einen Essayband über ihn herausgegeben haben.[6] Und Norbert Sachser, Verhaltensbiologe an der Universität Bielefeld, sagt: »Durch ihn erst wurde klar, dass sich in den siebziger Jahren ein Paradigmenwechsel vollzog.«[7]

Das ist leider wahr. Denn seitdem laufen nicht wenige Naturwissenschaftler in die falsche Richtung: »Wir leben in einer Zeit des Szientismus. Das bedeutet kurz gesagt: wir leisten nicht mehr den Rückbezug der einzelnen Wissenschaften auf den Menschen als Ganzen«[8], schreibt der Mediziner und Theologe Harald Bienek und stellt klar: »Naturwissenschaften untersuchen immer nur Teilaspekte, Teilwahrheiten des Menschen: So erforschen Biologen etwa den Menschen, insofern er seine biologische Natur hat. Dagegen erforschen Biochemiker den Menschen, insofern er chemisch zusammengesetzt ist. Ökonomen wiederum erforschen den Menschen, insofern er ein wirtschaftendes Lebewesen ist (Produzent und Verbraucher). Mediziner schließlich erforschen den Menschen, insofern er ein zu heilendes, krankes Wesen ist.«[9] Dabei sei »vielen Wissenschaftlern« jedoch der »Blick auf das Ganze des Menschen und die Einordnung ihrer Teilwahrheiten in ein Ganzes« verloren gegangen.[10]

Man nennt dies auch Reduktionismus. Für den Reduktionisten ist der Mensch nichts anderes als ein Zellhaufen, nichts anderes als ein Konsument, nichts anderes als ein Kranker oder nichts anderes als eine Überlebensmaschine, die sich unsere Gene gebaut haben. Wie alle -ismen ist auch der Reduktionismus nicht nur falsch, sondern totalitär. Rüdiger Safranski, der weisere der beiden Philosophen des »Philosophischen Quartetts«, und obendrein ein brillanter Erzähler, stellt daher bemerkenswerterweise ausgerechnet in seinem Traktat über »Das Böse« fest: »Der Siegeszug solcher Wissenschaft war durch kluge Einwände nicht aufzuhalten, vor allem deshalb nicht, weil ihm ein besonderes Metaphysicum beigemischt war: der Glaube an den Fortschritt. Wenn wir die Dinge und das Leben bis auf seine elementaren Bausteine reduzieren, dann werden wir, so lehrt dieser Glaube, das Betriebsgeheimnis der Natur entdecken. Wenn wir herausbekommen, wie alles gemacht ist, sind wir imstande, es nachzumachen. Hier arbeitet ein Bewusstsein, das allem auf die Schliche kommen will, auch der Natur, die man – im Experiment – auf frischer Tat ertappen muss, und der man, wenn man weiß, wie es läuft, zeigt, wo es langgeht.«[11]

»Zeigen, wo es langgeht«, das wollen heute nicht wenige Wissenschaftler. »Ein so genannter Wissenschaftler«, schreibt der Dichter und Dramatiker Botho Strauß, »erklärte vor kurzem: Der Mensch habe nun Gottes Status erreicht, und folglich sei es nun seine moralische Pflicht, sich wie Gott zu verhalten.«[12] Betrachtet man das Dilettieren der Stammzellforscher, auf das wir im vorausgegangenen Kapitel bereits einen Blick werfen konnten, wäre man beinah geneigt zu rufen: »Ja, wenn sie sich nur so verhielten!« Oder kann man sich – außer unter Kannibalen – einen Gott vorstellen, der es nötig hätte, Embryonen zu zerstören, um aus ihnen Heilmittel für ausgewachsene Exemplare derselben Spezies zu brauen? Gott – ein primitiver Recycler?

Aber kehren wir noch einmal zu unserem Ausgangsproblem

zurück. Es gibt, wie wir sahen, Dinge, über die Naturwissenschaften keine Aussagen machen können. Versuchen sie es dennoch, führt dies in den Szientismus oder in den Reduktionismus. Szientismus und Reduktionismus aber verstellen den Blick aufs Ganze. Wie nun erhalten wir ihn zurück? Die Antwort ist simpel: durch Einfachheit. Ein Beispiel: Vor ein paar Jahren bekam unser Sohn mit, wie ich mich bei der Lektüre eines Zeitungsbeitrags echauffierte. Dass sich jemand über das, was er las, empörte, schien für ihn, der damals gerade eifrig lesen lernte, offenbar eine interessante Entdeckung zu sein. Jedenfalls ließ er nicht locker und wollte unbedingt wissen, was mich verärgert hatte. Peinlich berührt versuchte ich knapp wiederzugeben, was der Autor des Beitrags dort vorschlug, nämlich künftig als Mensch nur noch den zu definieren, der auch von einer Mutter geboren wurde. Unserem Sohn, der damals bereits einmal erlebt hatte, wie der Bauch seiner Mutter wuchs und wuchs, bevor wir ihm schließlich seine Schwestern in den Arm legen konnten, verschlug das die Sprache. Überzeugt, mich nicht verständlich gemacht zu haben, fuhr ich fort: »Weißt du, es gibt Menschen, die glauben nicht, dass das, was im Bauch wächst, schon ein Mensch ist.« Unser Sohn sah mich an als versuchte ich, ihm einen Bären aufbinden, und wies mich zurecht: »Aber Papa, die waren doch einmal selber so.« Nun war ich sprachlos. Ich dachte an die vielen Stunden, die ich mit dem Studium und der Erörterung der so genannten SKIP-Argumente[13] – Spezies-, Kontinuitäts-, Identitäts- und Potenzialitätsargument – zugebracht hatte, mit denen für gewöhnlich das Recht auf Leben verteidigt wird, und nun fasste ein Junge von sechs Jahren, der dieses Interesse gar nicht hatte, sie mit einem einzigen Satz zusammen.[14]

Das aber heißt: Wenn ein sechsjähriger Junge zu dieser Einsicht gelangen kann, dann kann das jeder. Zumindest prinzipiell. Natürlich kann sich ein Mensch auch gegen eine Einsicht sperren, auch wenn dies kein besonderer Ausweis von Klugheit wäre.

Sehen wir uns deshalb einige der intellektuellen Verrenkungen an, mit denen das für gewöhnlich bewerkstelligt wird. Dabei lässt sich zunächst positiv feststellen, dass so gut wie alle, die leugnen, dass es sich beim Embryo um einen Menschen handelt, immerhin zugestehen, dass der Embryo vom Augenblick seiner Entstehung an ein Individuum der Spezies Homo sapiens ist. Das war nicht immer so und kann daher als Fortschritt begrüßt werden.

Zwar findet sich in vielen Biologielehrbüchern auch heute noch die »biogenetische Grundregel« von Ernst Haeckel (1834–1919), die sogar zum »biogenetischen Grundgesetz« aufgeblasen wurde, doch wird sie von heutigen Embryologen und Biologen nahezu einhellig verworfen. Der deutsche Zoologe, ein glühender Verehrer Charles Darwins, gilt als einer der Wegbereiter der Eugenik und so genannten Rassenhygiene im Dritten Reich. Er glaubte nachweisen zu können, dass menschliche Embryonen in ihrer Entwicklung in komprimierter Weise die Stammesentwicklung ihrer Art durchliefen. »Ontogenese rekapituliert Phylogenese« lautet der Satz, mit dem dieser folgenschwere Irrtum für gewöhnlich zusammengefasst wird. Wäre es so, dann müsste zumindest gemäß der Abstammungslehre angenommen werden, dass der Embryo zu verschiedenen Zeitpunkten seiner Entwicklung verschiedenen Gattungen zuzurechnen wäre und erst gegen Ende seiner Entwicklung tatsächlich der menschlichen. Auch wenn die Biologie insgesamt erstaunlich lange an diesem Irrtum festgehalten hat – inzwischen ist er obsolet. »Die Erkenntnisse der modernen Genetik, insbesondere die Entdeckung der DNS und des Vorgangs ihrer Rekombination bei der Befruchtung, entzogen dieser Spekulation den Boden, so dass sie beim gegenwärtigen Stand der Wissenschaft als unbegründet angesehen werden muss.«[15]

Nun konstruieren aber einige Philosophen wie Norbert Hoerster, Helga Kuhse, Reinhard Merkel und Peter Singer – obwohl sie einräumen, dass der Embryo »von Anfang an ein eigenständiger Angehöriger der biologischen Spezies Homo sapiens ist«[16] – einen Unterschied zwischen menschlichem Individuum und Person. Im Anschluss daran stellen sie die Behauptung auf, das »Recht auf Leben« sei etwas, das dem Kreis der Personen vorbehalten sei. Denn nur die besäßen Würde. Nun könnte man annehmen, Autoren, die solch gravierende Thesen aufstellen, wüssten, wie man eine Person wird, und in den Kreis derer gelangt, die nicht getötet werden dürfen. Doch das ist ein Irrtum. Interessanterweise gibt keiner von ihnen darauf Antwort. War Haeckel, der sich für einen Aufklärer hielt, immerhin noch bemüht, eine ganze Theorie zu bieten, wie der Mensch zum Menschen wird, so machen es sich die heutigen »Aufklärer« wesentlich bequemer. Statt zu erklären, wie ein Individuum zu einer Person wird, begnügen sie sich damit zu definieren, was eine Person sei. Ob der Personenstatuts dabei, wie bei Hoerster, an ein erkennbares Überlebensinteresse oder, wie bei Singer, an den Nachweis von Selbstbewusstsein gekoppelt wird, braucht uns hier nicht zu kümmern. Denn: »Wird das Tötungsverbot einmal relativiert, ist beinah jede Begründung so gut oder so schlecht wie eine andere.«[17]

Wichtig ist jedoch, was diesen Herrschaften von Philosophen wie Günther Pöltner, Robert Spaemann und Martin Rhonheimer entgegengehalten wird. Auch sie zeigen alle nicht, wie aus einem menschlichen Individuum eine Person oder aus »etwas« ein »jemand«[18] wird. Und dies vermutlich sogar aus demselben Grund, aus dem auch Hoerster und Co. darauf verzichten: Weil es dort nämlich überhaupt nichts zu zeigen gibt. Mit dem bedeutsamen Unterschied, dass Pöltner, Spaemann, Rhonheimer und einige andere daraus die richtigen Schlüsse ziehen. Kurz gesagt: Man wird nicht Person. Man ist Person. »Nur weil der Embryo (...) schon immer eine menschliche Person ist«, könne er, so etwa Rhonheimer, im Verlauf seiner Entwicklung »die Eigenschaften von Personen« ausbilden.[19] Oder wie Pöltner es formuliert: Um überhaupt menschliche Eigenschaften haben und weiter entfalten zu können, müsse ein Subjekt bereits Mensch sein.[20]

Diese Befunde korrespondieren auf verblüffende Weise mit denen seriöser Embryologie. Zwar wird die Embryonalentwicklung des Menschen von Wissenschaftlern in mehrere Stadien unterteilt, doch dient diese Einteilung allein dem Zweck einer besseren Beschreibung. Tatsächlich – auch dies ist heute weitgehend Konsens – gibt es in der embryonalen Entwicklung des Menschen keinerlei Zäsuren, die es gestatten würden, vom Embryo als einem Noch-nicht-Menschen oder Vor-Menschen zu sprechen. Das gilt nicht einmal für die Nidation: »Heute wissen wir«, schreibt etwa der Gynäkologe Josef Wisser, »dass der Embryo sich die Voraussetzungen für seine Einnistung in die Gebärmutterschleimhaut schafft. Damit stellt er selbst sein Überleben sicher.«[21] Daher gilt in der Embryologie bis heute das Diktum des Embryologen Erich Blechschmidt: »Der Mensch entwickelt sich nicht zum Menschen, sondern als Mensch.«[22]

Wenn wir uns fragen, warum es vielen Menschen schwerfällt, diese Erkenntnisse auch gedanklich nachzuvollziehen und nicht bloß intuitiv zu erfassen, wie unser damals sechsjähriger Sohn, dann dürfte dies wohl damit zusammenhängen, was Romano Guardini, ein Weiser des vergangenen Jahrhunderts, festhielt, als er schrieb: »Wahrheit leuchtet nur auf, wenn der Mensch der Wirklichkeit jeweils so gegenübertritt, wie sie es selbst verlangt. Je höher das Wirkliche steht, desto größer ist die Anforderung, die es an den erkennenden Geist stellt: desto größer aber auch die Versuchung, sie auf die Ebene der tiefer stehenden Dinge herunterzuziehen, weil er es dann bequemer hat. So ist es zum Beispiel sehr verlockend, das Lebendige chemisch, oder den Geist biologisch zu denken, denn man spart Arbeit und gewinnt den Schein strenger Wissenschaft; in Wahrheit war man geistig träge, hat dem Erkenntnisgewissen Gewalt angetan und das Eigentümliche des Gegenstands verloren.«[23]

---

1 Goethe, Johann Wolfgang: Faust 2, I, Saal des Thrones, S. 310, VV 4917–4922.

2 Dawkins, Richard: Das Egoistische Gen. Jubiläumsausgabe. München 2007. S. 31.

3 ebenda. S. 495.

4 »Am Ende ist das Wort.« Die Zeit 7/2007.

5 vgl. Anm. 2. S. 218.

6 Grafen, Alan/Ridley, Mark (Hrsg.): Richard Dawkins. How a scientist changed the way we think. Oxford 2006.

7 »Der wahre Egoist kooperiert.« Süddeutsche Zeitung v. 26. 10. 2006.

8 Bienek, Harald: Der Szientismus – über Irrwege und Auswege. In: LebensForum (2002) Nr. 64. S. 18–21. Hier S. 19.

9 ebenda

10 ebenda

11 Safranski, Rüdiger, Das Böse oder Das Drama der Freiheit, 4.Aufl., Frankfurt a. Main 2001. S. 71 f.

12 Strauß, Botho: Wollt ihr das totale Engineering? Die Zeit 52/2000.

13 vgl. hierzu vor allem: Damschen, Gregor/Schönecker, Dieter (Hrsg.): Der moralische Status menschlicher Embryonen, Berlin 2002, in dem alle SKIP-Argumente von je einem Befürworter und einem Gegner behandelt werden.

14 vgl. Rehder, Stefan: »Wahrheit aus Kindermund: ›Die waren doch einmal selber so‹. Von der Relativierung des Tötungsverbots zum Verlust der universalen Menschenrechte.« In: »Werte und Wandel« (2003) Nr. 39. S. 3–4.

15 Schockenhoff, Eberhard: Der moralische Status des Embryos. In: Beckmann, Rainer / Löhr, Mechthild (Hrsg.): Der Status des Embryos. Würzburg 2003. S. 71–82 . Hier S. 72.

16 Hoerster, Norbert: Abtreibung im säkularen Staat. Argumente gegen den § 218. Frankfurt a. Main 2. Aufl. 1995. S. 25.
17 wie Anm. 13.
18 Spaemann, Robert: Personen. Versuche über den Unterschied zwischen »etwas« und »jemand«. Stuttgart 1996.
19 »Nur Personen entwickeln die Eigenschaften von Personen.« Die Tagespost v. 18. 4. 2003.
20 Pöltner, Günther: Achtung der Würde und Schutz von Interessen. In: Bonelli, Johannes (Hrsg.): Der Mensch als Mitte und Maßstab der Medizin. (Medizin und Ethik Bd. 1), Wien 1992. S. 3–32. Hier S. 18.
21 Wisser, Josef: Daten der embryonalen Frühentwicklung. In: Beckmann, Rainer / Löhr, Mechthild (Hrsg.): Der Status des Embryos. Würzburg 2003. S. 26–32. Hier S. 33.
22 Blechschmidt, Erich: Wie beginnt das menschliche Leben. 5. Aufl. 1984. S. 158.
23 Guardini, Romano: Die letzten Dinge. Würzburg 1952. S. 47.

»Ist es ein Fortschritt,
wenn ein Kannibale Messer und Gabel benutzt?«
Stanislaw Jerzy Lec
»Unfrisierte Gedanken«

KAPITEL 5

Die Jagd auf den Rohstoff Mensch

Warum die »Ethik des Heilens« nur der Speck ist, mit dem man Mäuse fängt

Bilder sagen mehr als 1000 Worte, heißt es. Bisweilen lügen sie aber auch nur dreister. So wie jene zweigeteilte Komposition, welche die südkoreanische Post im Jahr 2005 in Gestalt einer 220-Won-Sondermarke herausgab. Auf der linken Hälfte ist eine befruchtete Eizelle zu sehen, der sich eine Mikropipette lebensbedrohlich nähert; darunter die Darstellung eines Menschen im Rollstuhl. Die rechte Hälfte zeigt eine Sequenz desselben Menschen in Bewegung: Er hebt sich aus dem Rollstuhl. Er läuft. Er springt, er wirft jubelnd die Arme in die Luft, um schließlich einen anderen Menschen darin zu bergen.

»Embryonen sterben, Lahme gehen, ... und selig ist, wer nicht Anstoß nimmt am Klonen.« – Treffender hätte man die »Ethik des Heilens« wohl nicht ins Bild lügen können. Doch dann geschah das Unerwartete. Kaum war das Postwertzeichen, mit dem die Republik Korea ihren zum Nationalhelden avancierten Klonforscher Hwang Woo Suk weltweit zu ehren gedachte, in Umlauf, wurde dieser als Hochstapler und Betrüger entlarvt.

Was war passiert? Im Februar 2004 war Hwang – wie fast alle Klonforscher von Hause aus Veterinär – zum unangefochtenen Star der immer zahlreicher werdenden Riege der Wissenschaftler aufgestiegen, die sich auf diesem Gebiet tummeln. Auf dem Jahrestreffen der »American Association for the Advancement of Science« (AAAS) in Seattle hatte er die Gilde der Kollegen mit Berichten über eine Modifizierung der Dolly-Methode zum Klonen beim Menschen begeistert.[1] Damals behauptete Hwang, ihm und seinem aus rund 100 Mitarbeitern bestehenden Team sei es gelungen, aus 242 weiblichen Eizellen 30 menschliche Embryonen zu klonen. Acht Jahre zuvor hatte das Team um den Schotten Ian Wilmut, welches die Methode entwickelt hatte, noch 277 Versuche benötigt, um ein einziges Schaf zu klonen. Anders als Wilmuts geklontes Schaf waren Hwangs geklonte Embryonen jedoch nicht zum Leben bestimmt. Aus den Stammzellen, die er und seine Mitarbeiter den geklonten menschlichen Embryonen entnommen hätten (und die dabei getötet wurden), sei eine Stammzelllinie etabliert worden. Aus dieser lasse sich nun Ersatzgewebe für die Transplantationsmedizin züchten, berichtete Hwang.

Die »Science Community« war aus dem Häuschen. Die Arbeit, in der Hwang seine Experimente »dokumentiert« hatte, und die außer Hwangs Namen noch die von 14 Koautoren zierte, war zuvor in der amerikanischen Fachzeitschrift »Science« publiziert worden.[2] Eine bessere Visitenkarte konnte es kaum geben. Wie für Models wie Heidi Klum oder Claudia Schiffer der Sprung auf die Titelseite der »Vogue« einem Durchbruch gleichkommt, so bedeutsam nimmt sich für Wissenschaftler eine Veröffentlichung in den Fachmagazinen

»Science« und »Nature« aus. Am 24. Juni des folgenden Jahres vermeldete der Klonforscher Hwang eine weitere Sensation. Diesmal ging es um das Klonen menschlicher Embryonen, an die das Erbgut erkrankter Spender weitergegeben worden war. Dieser, wiederum in »Science« veröffentlichten Arbeit zufolge[3] reichten Hwang nun bereits 185 Eizellen, um 31 Embryonen zu klonen. Aus ihren Stammzellen wollte Hwang nun 11 Stammzelllinien etabliert haben. Staatsmänner, Wissenschaftler und Journalisten aus aller Welt feierten den Forscher wie einen Helden. Kein Wunder: denn die von Hwang binnen eines guten Jahres um den Faktor 15 gesteigerte Effizienz ließ plötzlich das größte technische Problem des Klonens lösbar erscheinen: den immensen Verbrauch von Eizellen. Hatte Hwang im Jahr zuvor noch 242 Eizellen benötigt, um eine einzige Stammzelllinie zu etablieren, so brauchte er nun für dasselbe Ergebnis im Schnitt nur noch 17.[4]

Doch noch im gleichen Jahr kam die Wahrheit ans Licht: Alles war erlogen, die als Beweis gelieferten Abbildungen gefälscht. Nachdem zwei der 25 Mitautoren von Hwangs zweiter Publikation, der Koreaner Roh Shung Il und der Amerikaner Gerald Schatten, öffentlich schwere Vorwürfe gegen Hwang erhoben hatten, setzte die Nationaluniversität Seoul eine achtköpfige Untersuchungskommission ein. Diese kam im Dezember 2005 zu dem Urteil, die im Juni veröffentlichte Arbeit sei komplett gefälscht worden. Darum kündigten die Wissenschaftler an, nun auch das im Jahr 2004 publizierte Werk Hwangs zu überprüfen. Anfang 2006 stellte die Kommission ihren Abschlussbericht vor. »Wir sind aufgrund sorgfältiger DNS-Analyse zu dem Schluss gekommen, dass die 2004 in ›Science‹ dokumentierten Daten und Abbildungen manipuliert wurden«, erklärt der Vorsitzende der Untersuchungskommission Chung Myung Hee vor laufenden Kameras in Seoul. Zuvor hatte die Kommission drei unabhängige Labors mit aufwendigen DNS-Tests beauftragt. Alle drei waren zu identischen Ergebnissen gekommen. »Es gab keine wissenschaftlichen Belege, dass Hwang Stammzellen angefertigt hat«, resümierte Chung Myung Hee.[5]

Laut der Untersuchungskommission benötigte Hwangs Team für seine erfolglosen Versuche zudem statt den angegebenen 242 (in 2004) und 182 (in 2005) Eizellen in Wahrheit 2221 Eizellen, die 119 Frauen in vier Kliniken entnommen worden waren.[6] Wie viele Embryonen Hwang für seine Betrügereien mit diesen Eizellen erzeugt und anschließend getötet hatte, ist bis heute ungeklärt.

Sicher ist dagegen, dass Hwangs Betrug Unmengen an staatlichen und privaten Geldern verschlungen hat. Laut einem Bericht des südkoreanischen Wirtschaftsministeriums stellte die Regierung seit 1998 knapp 41 Milliarden Won (rund 35 Millionen Euro) für Hwangs Forschungen zur Verfügung. Allein im Jahr 2005 soll Hwangs Labor davon mehr als 11 Milliarden Won (rund 9 Millionen Euro) erhalten haben.[7] Wie Alexander Kissler, Redakteur der »Süddeutschen Zeitung«, in seinem 2006 erschienen Buch »Der geklonte Mensch« berichtet, warf die Staatsanwaltschaft dem Klonforscher vor, »2,8 Milliarden Won, rund 2,3 Millionen Euro, veruntreut zu haben«.[8] Laut Kissler, dessen brillant geschriebenes Buch den Aufstieg und Fall des Hwang Woo Suk ausführlich schildert, sind die Beträge »unter falschem Namen auf 63 verschiedenen Konten gelandet«.[9] Mit ihnen habe Hwang unter anderem »ein Auto für sich« und »Geschenke für Politiker« gekauft.[10] Der Verbleib von weiteren 20 Millionen Euro gilt als ungeklärt.[11]

Gekauft wurde offenbar auch das Schweigen einiger Mitautoren. Wie Kissler darlegt, hätten einige von ihnen »überhöhte« Zahlungen zwischen 15 000 und 50 000 Euro erhalten. Dass es sich dabei um Schweigegelder gehandelt haben dürfte, dafür spreche auch, dass zumindest einer von ihnen, der Koreaner Kim Sung Jong, der Nationaluniversität Seoul zwischenzeitlich einen Betrag von 25 000 Euro zurückerstattete.[12]

Trotz dieser Verkettung mehrerer Skandale hielt sich der Anstoß, den die »Science Community« am Fall Hwang nahm, in überschaubaren Grenzen. Getreu dem Motto »eine Krähe hackt der anderen kein Auge aus« geizten die Stammzellforscher geradezu mit Kritik an ihrer einstigen Galionsfigur. Oliver Brüstle etwa, Deutschlands wohl bekanntester Stammzellforscher, beschied sich damit festzustellen: »Das ist nicht nur für Hwang als Person schädlich, sondern auch schlecht für das Forschungsfeld als solches.«[13]

Stattdessen richtete sich der Zorn der Forscher-Kollegen gegen den Mann, der den Stein ins Rollen gebracht hatte. Auch er war kein Unschuldiger. Gerald Schatten, der an der Universität Pittsburgh forscht, hatte an beiden Publikationen Hwangs mitgewirkt. Bei der zweiten trat er sogar als »senior author« in Erscheinung. Doch am 14. November 2005 beendete »Hwangs Schatten«, wie Kissler den Wissenschaftler nennt, plötzlich die Zusammenarbeit mit Hwang. Ihm lägen Informationen vor, aus denen hervorgehe, dass die Eizellen, die Hwang für seine Experimente benötigte, nicht auf reguläre Weise gespendet worden seien, begründete Schatten später seine Entscheidung. Tatsächlich sollte die Untersuchungskommission kurz darauf feststellen, dass sich acht Mitarbeiterinnen Hwangs im März 2003 im Beisein ihres obersten Chefs zur Spende von Eizellen bereit erklärt hatten. In Wissenschaftskreisen wird dies als Verstoß gegen den Geist der Helsinki-Erklärung betrachtet. Die 1964 vom Weltärztebund verabschiedete Erklärung stellt den wichtigsten ethischen Kodex für klinische Versuche am Menschen dar. Sie verbietet es Wissenschaftlern, Körperspenden von Mitarbeitern für Versuche anzunehmen. Auf diese Weise soll verhindert werden, dass Vorgesetze Druck auf Mitarbeiter ausüben.[14]

Dass Schatten von den Fälschungen nicht gewusst hat, darf als unwahrscheinlich gelten. Wahrscheinlicher ist, dass es zwischen ihm und Hwang zu einem Streit über die Anmeldung von Patenten gekommen ist. Beide hatten, wie Kissler schreibt, auf der Basis ihrer ersten gemeinsamen Veröffentlichung Anträge auf Erteilung eines Patents gestellt, ohne den jeweils anderen dabei zu erwähnen. Insofern seien Hwang und Schatten zwar »Koautoren des maßgeblichen Aufsatzes«, zugleich aber »Konkurrenten bei dessen wirtschaftlicher Verwertung« gewesen.[15]

So klingt es völlig plausibel, wenn Ulrich Bahnsen Anfang Dezember 2005 in der Wochenzeitung »Die Zeit« schreibt: »Dass die Vorwürfe um die Eizellspende der wahre Grund waren, um die für ihn einträgliche Zusammenarbeit platzen zu lassen, glaubt in Forscherkreisen niemand. Es kursieren Gerüchte. Etwa: Schatten habe genug Know-how von dem Koreaner bekommen, um nun auf ihn verzichten zu können.«[16] Aufhorchen ließ der nachfolgende Satz: »Und ein Kenner der Szene sagt: ›Hwang mag angeschlagen sein. Schatten ist erledigt.‹«[17]

Mit anderen Worten: Die »Science Community« ist offenbar durchaus bereit zu verzeihen, dass eines ihrer Mitglieder die Abhängigkeit seiner Mitarbeiter ausnutzt, und diese – gegen ethische Kodizes verstoßend – zu gesundheitlich riskanten Handlungen animiert. Als »erledigt« muss sich dagegen derjenige betrachten, welcher der Familie der Forscher selbst schadet, indem er das skandalöse Fehlverhalten eines ihrer Mitglieder öffentlich macht. Nicht, dass ein solches Denken völlig neu wäre. Nur musste, wer es besichtigen wollte, sich bislang einen Mafia-Film ansehen. Nun reicht es offenbar, Berichte aus der Welt der Wissenschaft zu lesen.

Natürlich lässt sich die Begeisterung, welche Teile der Wirtschaft und geschäftstüchtige Wissenschaftler für den menschlichen Embryo entwickelt haben, durchaus verstehen. Denn wer im menschlichen Embryo nach Stammzellen schürft, benötigt kein kostspieliges Equipment. Zur Ausbeutung des Menschen müssen weder Bohrinseln noch Fördertürme errichtet werden. Es reicht, Labors zu eröffnen und dort ein Arsenal an Mikroskopen, Mikropipetten und Petrischalen bereitzustellen. Auch brauchen für den Transport der zu Tage geförderten Rohstoffe weder Tanker noch Laster in Bewegung gesetzt werden. Es genügt, Pakete aufzugeben. Und weil sich der Mensch längst mittels künstlicher Befruchtung im Labor herstellen lässt, ist der menschliche Embryo eine Rohstoffquelle, die praktisch nicht versiegt. Eine »Embryonenkrise« wird eine Industrie, die auf den Menschen als Rohstofflieferanten setzt, so schnell nicht fürchten müssen.

Da wundert es dann auch nicht, dass Saudi-Arabien seinen Einstieg in die Embryonenforschung damit begründete, die Gewebezucht könne eines Tages das Öl als Wirtschaftsfaktor Nummer eins ablösen.[18] Und als die Balten-Republik Estland im Jahr 2002 den Startschuss für den Aufbau einer nationalen Gendatenbank gab, erklärte der estnische Bildungsminister Tõnis Lukas, in Ermangelung anderer Rohstoffe sei die Gentechnologie für eine kleines Land wie Estland »die einzige Option«, zu Wohlstand zu gelangen.[19]

In Staaten, in denen der Umgang mit dem Embryo in vitro keinen oder nur unzureichenden Regelungen unterworfen ist, buhlen Forschungsinstitute und offizielle Regierungsstellen um Wissenschaftler und Firmenansiedlungen aus der ganzen Welt. »Bei uns können Sie mit menschlichen Föten arbeiten, soviel sie wollen«, warb die Ott-Frauenklinik in Sankt Petersburg bei Forschern um Aufmerksamkeit.[20] Und Gilbert Normand, Wissenschaftsminister in Kanada, das zu Beginn dieses Jahrhunderts fast 55 Prozent seiner Forschungsgelder in die Biotechnologie steckte, verriet bei einem Besuch in Deutschland im Frühjahr 2001: »Ich möchte nicht verheimlichen, dass wir durchaus aggressiv vorgehen und versuchen, Leute ins Land zu holen.« So müsse zum Beispiel ein Wissenschaftler, der sich in der Provinz Quebec ansiedele, »fünf Jahre lang keine Steuern zahlen«.[21]

Es lässt sich nicht leugnen: Ökonomische Interessen beeinflussen nicht nur alle Entscheidungen, die den Embryo betreffen. Sie geben vielfach auch den entscheidenden Ausschlag für das Ausmaß des Schutzes, der ihm zugestanden wird. Weil es in sich zivilisiert dünkenden Gesellschaften jedoch als »barbarisch« gilt, bei ethischen Fragestellungen monetäre Argumente in Anschlag zu bringen, werden die ökonomischen Interessen nur zurückhaltend zur Sprache gebracht und die entstehenden Begründungslücken mit der »Ethik des Heilens« gefüllt.

In Wirklichkeit vollzieht sich etwas ganz anderes: »Ein Wettbewerb um die niedrigsten ethischen Standards hat eingesetzt, Forscher horten embryonale Stammzelllinien, (...). Das wertvolle Wissen wird für den Aufbau einer Embryonenindustrie eingesetzt«, analysierte Ende 2004 der FAZ-Redakteur Christian Schwägerl.[22] Dass »jedes Land und jede Forschergruppe möglichst viele eigene Stammzelllinien« wolle, habe »weniger wissenschaftliche als kommerzielle Gründe«.[23]

Viele Forscher betrachten den Embryo heute als eine vielseitig nutzbare »Plattformtechnologie«.[24] Als Rohstoff in der

Regenerativen Medizin, als Testsystem für die pharmazeutische und chemische Industrie, als Endprodukt in der Reproduktionsmedizin. Er kann ausgeschlachtet werden wie in der Stammzellforschung oder aber im Rahmen der so genannten Kinderwunschbehandlung mit dem Prüfsiegel der PID versehen werden. In der Gestalt des Embryos wird der Mensch in seiner frühesten Entwicklungsform so zu einem beliebigen Wirtschaftsgut, das handel- und vermarktbar geworden ist. Geliefert wird er wie bestellt: tot oder lebendig, in Teilen oder am Stück. Hauptsache, die Bezahlung stimmt.

Anfang 2007 gab das schwedische Biotech-Unternehmen Cellartis bekannt, es plane im schottischen Dundee die weltweit erste Massenproduktionsstätte für embryonale Stammzellen. Neben Cellartis, das erst im Jahr 2001 von sechs Stammzellforschern gegründet worden war, beteiligen sich an dem Projekt auch die Universität Glasgow und die schottische Regierung. Finanziert werden soll die Fabrik, die künftig rund 100 Mitarbeiter beschäftigen soll, mit Mitteln eines schottischen Innovationsfonds.[25] Dabei verstehen es die Vertreter der »New Science« in der Regel durchaus, der Gesellschaft die mit ihren Geschäftsmodellen einhergehenden Zumutungen schonend beizubringen. Ein Beispiel lieferte die ProteoSys AG mit Unternehmenssitz in Mainz. Im September 2003 erhielt die Firma als erstes Biotech-Unternehmen in Deutschland die Erlaubnis, mit aus dem Ausland importierten embryonalen Stammzellen zu forschen.[26]

Mit Hilfe der Erkenntnisse, die dabei gewonnen werden sollen, will ProteoSys Testsysteme entwickeln, welche die toxischen Wirkungen von Medikamenten zuverlässiger aufdecken können sollen als die bisherigen Tierversuche.[27]

Bei dem Forschungsvorhaben, für das ProteoSys die Importgenehmigung erhielt, geht es jedoch nicht einfach um die

Tests beliebiger Chemikalien an embryonalen Stammzellen des Menschen. Es geht um die Identifizierung von Chemikalien, die für ungeborene Kinder im Mutterleib gefährlich sein könnten. »Indem wir mit humanen embryonalen Stammzellen arbeiten, können wir viel effizienter als im Tierversuch Chemikalien finden, die Embryonen im Mutterleib schaden würden«, begründet Martina Klemm, wissenschaftliche Leiterin bei ProteoSys, das Projekt.[28]

Was die Zellbiologin – früher leitende Mitarbeiterin am Whitehead-Institut des in den USA arbeitenden deutschen Klonforschers Rudolf Jaenisch – nicht erwähnt: Die chemische Industrie würde bei der anstehenden kostspieligen Umsetzung der »Verordnung zur Registrierung, Bewertung, Zulassung und Beschränkung chemischer Stoffe« der Europäischen Union mehrere Millionen Euro an Tierversuchen einsparen, wenn sich die Verträglichkeit von Chemikalien anstatt an Tieren gleich an menschlichen Zellen testen ließe.

Es lässt sich nicht beweisen, dass das Forschungsvorhaben nur deshalb ausgesucht wurde, weil die Verantwortlichen erkannt haben, dass die Verwendung embryonaler Stammzellen zum Zweck des Schutzes ungeborener Kinder im Mutterleib vor unverträglichen Wirkstoffen weit weniger Staub aufwirbeln würde als ein ähnliches Projekt zu einem anderen Zweck. Aber es wäre auch naiv auszuschließen, dass es sich so verhalten haben könnte.

ProteoSys ist sich jedenfalls bewusst, dass das Forschungsvorhaben neben dem wissenschaftlichen Erkenntnisgewinn auch einen wirtschaftlichen Nutzen birgt. Dies belegt ein gemeinsamer Aufsatz von Frau Klemm und Firmenmitgründer André Schrattenholz. Der Beitrag trägt den Titel »Stammzellen als Modell für die Wirkstoffentwicklung« und wurde im Magazin der »Gesellschaft Deutscher Chemiker« (GDCh) veröffentlicht. Dort stellen die Autoren gleich zu Beginn fest: »Die Überprüfung pharmakologisch aktiver Substanzen auf toxische Eigenschaften ist teuer, zeitraubend und oft mit erheblichen Unsicherheitsfaktoren behaftet.«[29] Einfacher formuliert: Medikamententests im Tierversuch kosten Geld, Zeit und sind unzuverlässig. Auch dass Klemm das ProteoSys-Projekt auf dem »11. Kongress über Alternativen zu Tierversuchen« in Linz vorstellte, muss als Indiz dafür gewertet werden, dass der Schutz des Embryos im Mutterleib nicht das ausschließliche Ziel ist, das ProteoSys mit dem Stammzell-Projekt verfolgt.

In der deutschen Debatte um die ethische Dimension der Stammzellforschung wird Kritikern gern entgegengehalten, dass es bei dem jetzigen Stand der Wissenschaft doch nur um Grundlagenforschung gehe. Bei genauer Betrachtung beeindruckt dieser Einwand wenig. Dass es nicht einmal in der Grundlagenforschung ausschließlich um Erkenntnisgewinn, sondern offensichtlich bereits auch um handfeste wirtschaftliche Interessen geht, machte niemand Geringerer deutlich als der Präsident der Max-Planck-Gesellschaft. So begründete Peter Gruss, selbst ein Stammzellforscher, die Forderung nach mehr Mitteln für die Grundlagenforschung in seiner programmatischen Antrittsrede ungeniert damit, diese stünde schließlich am Beginn der »Wertschöpfungskette«.[30] Mit anderen Worten: Die »Science Community« betrachtet auch die Grundlagenforschung heute als ein Instrument, mit dem sich Profit machen lässt.

Weil für den ökonomisch denkenden Forscher die Wertschöpfungskette nicht komplett wäre, wenn an ihrem Ende nicht das Recycling stände, entwickeln Forscher auch hier ständig neue Ideen. Seit einiger Zeit wird das Gewebe abgetriebener Kinder für die Herstellung von Impfstoffen verwandt. Da sich die für die Produktion von Impfstoffen benötigten Viren nur in lebenden Zellen vermehren, werden diese in fetalem Gewebe gezüchtet. Während Impfstoffe gegen Gelbfieber, Masern, Mumps und Tollwut noch in Hühnergewebe gezüchtet werden, nutzt man für die Herstellung von Impfstoffen gegen Hepatitis A, Röteln und Windpocken auch das Gewebe abgetriebener Kinder.[31]

Geht es nach dem Willen mancher Forscher, dann sollen künftig auch Eizellen für die künstliche Befruchtung aus dem Gewebe abgetriebener Mädchen gewonnen werden. Die Online-Ausgabe des Magazins »New Scientist« berichtete, dass ein Team israelischer und niederländischer Forscher sieben abgetriebenen Kindern das Eierstock-Gewebe entnommen und im Labor vier Wochen lang kultiviert hat. In dem Experiment hätten sich die Follikel, welche die Eizellen produzieren, normal entwickelt. Allerdings sei dabei noch nicht das Stadium erreicht worden, in dem sie gesunde Eizellen abgegeben hätten. Nun wollen die Forscher versuchen, im Labor Bedingungen zu schaffen, unter denen die Follikel zum Eisprung gebracht werden könnten.[32] Gelänge dies, dann könnten künstliche erzeugte Embryonen künftig unter Umständen eine biologische Mutter haben, die bei ihrer eigenen Abtreibung ums Leben kam.

Die Leichenfledderei beschränkt sich keineswegs nur auf den Embryo. Auf der Suche nach Eizellen, die für die Klonforschung benötigt werden, schlug etwa Davor Solter, Entwicklungsbiologe am Max-Planck-Institut für Immunbiologie in Freiburg vor: »Wir brauchen mehr Eizellen. Die könnte man zum Beispiel gewinnen, wenn eine Frau bei einem Autounfall gestorben ist. Aus einem einzigen Eierstock ließen sich ungefähr 20 000 menschliche Eizellen gewinnen.«[33]

Angesichts derartiger Szenarien wundert es eigentlich,

dass in Deutschland Forscher und Wissenschaftsfunktionäre beklagen, hierzulande herrsche ein fortschritts- und technologiefeindliches Klima. Auf den Gedanken, dass die Ressentiments auch ein Zeichen moralischer Gesundheit sein könnten, kommen sie offenbar nicht. Vermutlich würde der polnische Schriftsteller Stanislaw Jerzy Lec, wenn er heute noch einmal die Frage stellen könnte, ob es ein »Fortschritt«, sei, »wenn ein Kannibale Messer und Gabel benutzt«, von manchem Forscher die Antwort bekommen: »Aber sicher doch.«

---

1 »Das Ei des Dr. Hwang Woo Suk«. Frankfurter Allgemeine Sonntagszeitung v. 15. 2. 2004.

2 Hwang Woo Suk et al.: »Evidence of a Pluripotent Human Embryonic Stem Cell Line Derived from a Cloned Blastocyst.« In: Science 303 (2004). S. 1669-1674.

3 Hwang Woo Suk et al.: »Patient-Specific Embryonic Stem Cells Derived from Human SCNT Blastocysts.« In: Science 308 (2005) S.1777–1783.

4 »Manipulations-Skandal: Klonforscher fürchten um ihren zweifelhaften Ruf.« Die Tagespost v. 20. 12. 2005.

5 vgl. »Die Klon-Lüge.« Die Tagespost v. 12. 1. 2006.

6 ebenda

7 Kissler, Alexander: Der geklonte Mensch. Das Spiel mit Technik, Träumen und Geld. Freiburg im Breisgau 2006. S. 70.

8 ebenda

9 ebenda

10 ebenda S. 67 f.

11 ebenda S. 66.

12 ebenda S. 67.

13 »Top-Klonforscher soll manipuliert haben«. Financial Times Deutschland v. 15. 12. 2005.

14 vgl. wie Anm. 5.

15 vgl. wie Anm. 7, S. 55.

16 »Der König ist entthront.« Die Zeit v. 1. 12. 2005.

17 ebenda

18 vgl. Gen-ethischer Informationsdienst (GID) 154, 18. Jahrgang.

19 »Estland beginnt sein ehrgeiziges Genomprojekt.« Ärzte-Zeitung v. 31. 5. 2002.

20 Frankfurter Allgemeine Zeitung v. 12. 1. 2003

21 »Kanada wirbt offensiv um ausländische Forscher.« Financial Times Deutschland v. 27. 4. 2001.

22 »Das globale Stammzellprojekt«. Frankfurter Allgemeine Zeitung v. 21. 12. 2004.

23 ebenda

24 »Der Embryo als Rohstoff.« Frankfurter Allgemeine Zeitung v. 28. 10. 2004.
25 »Embryonale Stammzellen aus der Massenproduktion«. Der Standard v. 18. 1. 2007.
26 vgl. 4. Genehmigung nach dem Stammzellgesetz. Pressemitteilung des Robert-Koch-Instituts (RKI) v. 9. 9. 2003.
27 »ProteoSys forscht an embryonalen Stammzellen.« Ärzte-Zeitung v. 17. 9. 2003.
28 »Altern als Problem für Bastler.« Frankfurter Allgemeine Zeitung v. 15. 5. 2006.
29 Klemm, Martina/Schrattenholz, André: Stammzellen als Modell für die Wirkstoffentwicklung. In: Nachrichten aus der Chemie (2004) Nr. 52. S. 898–902. Hier S. 898.
30 Gruss, Peter: »Kreative Forschung braucht Förderung und Freiräume.« Antrittsrede auf der Jahreshauptversammlung der Max-Planck-Gesellschaft am 14. 6. 2002 in Halle.
31 Babel, Irmtraut: Impfstoffe, fetales Gewebe und Abtreibung. In: LebensForum (2004) Nr. 72. S. 16f.
32 vgl. »Aborted fetuses could become unborn mothers'.« NewScientist.com v. 1. 7. 2003.
33 Fuchs, Ursel: Die Genomfalle. Düsseldorf 2000. S. 185.

»Die Größe, die du suchst, wird dich erdrücken.«
William Shakespeare
»König Heinrich IV.« 4. Aufz., 4. Szene

Kapitel 6

Die Lissabon-Strategie

Was der Plan der Europäischen Union, die USA wirtschaftlich zu überholen, mit embryonalen Stammzellen zu tun hat

Manche Sätze schlagen ein wie der Blitz. »Seit Bacon spricht der Teufel Englisch« – zu finden in Harry Mulischs »Die Entdeckung des Himmels« – ist einer davon.[1] Der niederländische Romancier und Essayist, geboren 1927 in Haarlem, zählt zu den meistgelesenen Schriftstellern der Gegenwart. Kritiker sehen in ihm den bedeutendsten Autor der zeitgenössischen niederländischen Literatur. Sein Œvre umfasst mehr als 60 Werke, von denen zahlreiche in viele Weltsprachen übersetzt wurden. Mit seinem 1992 erschienenen Roman »Die Entdeckung des Himmels« gelang ihm ein Weltbestseller. Und das, obwohl – oder gerade weil – der Roman auf einer phantastisch anmutenden Rahmenerzählung aufsetzt: Vor gut 400 Jahren hat die Menschheit, vertreten durch den britischen Philosophen Francis Bacon (1561–1626), einen Pakt mit dem Teufel geschlossen, der sie dazu verdammt, durch die eigene Technologie zugrunde zu gehen. Als dies im Himmel entdeckt wird, ordnet der »Chef« an, den Bund, den er einst mit Moses schloss, aufzulösen. Doch dazu müssen die Gesetzestafeln mit den Zehn Geboten, mit denen der Bund besiegelt wurde, wieder in die Hände Gottes gelangen.

Manch einer dürfte erst durch »Die Entdeckung des Himmels« auch Bacon entdeckt haben. Eine ebenfalls lohnende Lektüre: Wer zum Beispiel wissen will, wie Europa künftig aussehen könnte, wird hier tatsächlich fündig. In seiner Fragment gebliebenen Staatsutopie »Nova Atlantis« beschreibt Bacon einen idealen Inselstaat. Entkleidet man die dort herrschende Gesellschaftsordnung aller zeitbedingten Elemente (Monarchie, Patriarchat etc.), so weist der verbleibende Rest eine verblüffende Ähnlichkeit zu dem auf, worauf gegenwärtig ein Teil der Politik der Europäischen Union abzuzielen scheint.

Sehen wir uns »Nova Atlantis« deshalb ein wenig näher an: Die Einleitung der um 1623 verfassten Erzählung[2] berichtet von Seefahrern, die auf der Fahrt von Peru nach Japan in einen Sturm geraten und auf die Insel »Nova Atlantis« verschlagen werden. Nach und nach erhalten die Neuankömmlinge Einblick in die Ordnung, die auf der Insel herrscht. Dazu zählt eine straff organisierte Forschergemeinschaft, die mal als das »Haus Salomons«, mal als »Kollegium der Werke der sechs Tage« sowie als »Orden« und als »Bruderschaft« bezeichnet wird. Den Beamten von »Bensalem«, wie sich der Staat selbst nennt, gilt das »Haus Salomons« als der »Leuchtturm« des Königreichs.[3] Es enthält zahlreiche phantastische Labors, die teilweise auch vier Jahrhunderte später noch utopisch anmuten. So gibt es auf »Nova Atlantis« nicht nur unterirdische Labors, in denen natürliche Mineralien künstlich nachgebildet und neue Metalle erschaffen werden. Von hohen Türmen beobachtet man das Wetter; dessen »Nachahmung und Vorführung« dann in Großraumlabors erprobt wird. Medikamente werden aus Pflanzen gewonnen, die eigens zu diesem Zweck verändert wurden. An Tieren werden die Möglichkeiten experimenteller Chirurgie ausgelotet und »alle Gifte« getestet, »um den menschlichen Körper widerstandsfähiger zu machen«. Neue Arten werden »durch Kreuzungen und Verbindungen von Tieren verschiedener Arten« hervorgebracht, die sich anschließend fortpflanzen können. Andere werden »größer oder schlanker« gemacht, »als sie es ihrer Natur nach sind«, wieder andere hindert man »an ihrem natürlichen Wachstum«. »Krankheiten, Seuchen (...), Unwetter, Stürme, Erdbeben, Überschwemmungen« werden vorhergesagt und dem Volk »Anweisungen« gegeben, »was es zu Abwendung dieser Übel tun soll«. In Rüstungshallen werden Waffensysteme entwickelt, Unterwasserschiffe und Flugzeuge gebaut. Luft und Wasser werden verbessert und Wege zur Verlängerung des Lebens erforscht.[4]

Bedeutsamer als alles, womit sich die Mitglieder des »Hauses Salomons« beschäftigten, ist jedoch, warum sie es tun: »Der Zweck unserer Gründung«, erläutert eines seiner Mitglieder den Neuankömmlingen, »ist es, die Ursachen und Bewegungen sowie die verborgenen Kräfte der Natur zu erkennen und die menschliche Herrschaft bis an die Grenzen des überhaupt Möglichen zu erweitern.«[5] Das Wissen an sich ist auf »Nova Atlantis« ohne Bedeutung. Sein Erwerb erfolgt ausschließlich zum Zwecke der Anwendung. Daher widmet sich auf der Insel niemand den Geisteswissenschaften oder den theoretischen Naturwissenschaften. Selbst das »Haus der Mathematik« dient noch der Fertigung geometrischer und astronomischer Instrumente.[6]

Welchen alles überragenden Wert die Technik einnimmt, die »Nova Atlantis« in ein vermeintliches Paradies verwandelt, zeigt auch der soziale Status, den die Mitglieder des

»Hauses Salomons« genießen. Sie können ohne jede Einschränkungen alle Untersuchungen durchführen, die sie für erforderlich halten. Sie verfügen über einen gigantischen wissenschaftlichen Apparat auf allen Gebieten der Naturforschung und sind selbst dem Monarchen gegenüber nicht verpflichtet, die erzielten Resultate preiszugeben.[7] So bildet das »Haus Salomons« einen Staat im Staate. Von der Bevölkerung werden seine Mitglieder ehrfürchtig »Vater« genannt.[8] Auch sonst ist der sakrale Charakter, den Bacon den Wissenschaften verleiht, unübersehbar. Er zeigt sich vor allem im Verhalten der »Väter«. Alle zwölf Jahre visitieren sie – ausgerüstet mit Kreuz und Hirtenstab, den Insignien eines Bischofs – das Land. Wem sie Audienzen gewähren, den segnen sie zu Beginn. Doch nicht nur das: Für ihre Erfindungen werden die »Väter« – nun wieder ganz weltlich – mit Gold, Edelsteinen und Ruhm überhäuft. Schon zu Lebzeiten schmücken ihre Standbilder die Ruhmeshallen auf »Nova Atlantis«[9], das im Übrigen eher einem gigantischen Labor gleicht.

Blühende Laborlandschaften – das ist es auch, was viele Politiker für Europa ersehnen. Im März 2000 beschlossen die Staats- und Regierungschefs der Europäischen Union auf einem Gipfeltreffen in Lissabon, den Staatenbund innerhalb von zehn Jahren zum »wettbewerbfähigsten und dynamischsten wissensbasierten Wirtschaftsraum der Welt« umzugestalten. Besondere Bedeutung messen die Staats- und Regierungschefs dabei der Förderung von »Schlüsseltechnologien« zu. Dazu zählen neben der Informationstechnologie auch die Nano- und die Biotechnologie. Bis zum Jahr 2010 soll so ein Wirtschaftsraum entstehen, »der fähig ist, ein dauerhaftes Wirtschaftswachstum mit mehr und besseren Arbeitsplätzen und einem größeren sozialen Zusammenhalt zu erzielen«.[10]

Zwei Jahre später vereinbarten die Staats- und Regierungschef in Barcelona, zur Erreichung dieser Ziele den Anteil des Bruttoinlandsprodukts (BIP), den die Mitgliedsstaaten für Forschung und Entwicklung ausgeben, bis zum Jahr 2010 auf 3 Prozent anzuheben. Zwei Drittel davon sollen auf den privaten Sektor entfallen.[11]

Welchen Stellenwert innerhalb der so genannten Lissabon-Strategie der Biotechnologie zukommt, belegt ein maßgebliches Papier der EU-Kommission aus dem Jahr 2002.[12] Darin heißt es: »Nach der Informationstechnologie bilden Biowissenschaften und Biotechnologie nach allgemeiner Einschätzung die nächste Phase der wissensbasierten Wirtschaft.« »Die gemeinsame Basis an Wissen über lebende Organismen und Ökosysteme« bringe »neue Wissenschaftssparten wie Genomik und Bioinformatik und neue Einsatzmöglichkeiten wie Gentests und Regeneration von menschlichen Organen und Gewebe hervor«.[13] Diese wiederum ließen »Anwendungen erwarten, die tiefgreifende Auswirkungen auf Gesellschaft und Wirtschaft haben werden«, die weit über »die Nutzung genetisch veränderter Kulturpflanzen« hinausgingen.[14]

Weil Biowissenschaften und Biotechnologie »die Chance« böten, »zahlreiche globale Probleme im Zusammenhang mit Gesundheit, Alter, Ernährung und Umwelt sowie nachhaltiger Entwicklung in den Griff zu bekommen«, gelte es zu überlegen, »wie Europa« die »notwendigen Humanressourcen, Industriekapazitäten und Finanzen anziehen« könne, »um diese Technologien optimal zu gestalten und zu nutzen, den Bedürfnissen der Gesellschaft gerecht zu werden und ihre Wettbewerbsfähigkeit zu steigern«. Als die »vielleicht vielversprechendsten Spitzentechnologien« könnten Biowissenschaften und Biotechnologie somit einen »wesentlichen Beitrag zu dem Ziel der Europäischen Gemeinschaft leisten, zum führenden wissensbasierten Wirtschaftsraum der Welt zu werden.« Wie »Nova Atlantis« wäre auch das »Neue Europa« endlich dem Rest der Welt haushoch überlegen.

Herzstück des Papiers, das den Titel »Biowissenschaften und Biotechnologie: Eine Strategie für Europa« trägt, ist ein 30 Punkte umfassender »Aktionsplan«. Die darin aufgelisteten Maßnahmen reichen von der Anwerbung von Wissenschaftlern und der Vernetzung von Managern, über die Bereitstellung öffentlicher Mittel und der Stimulierung privater Investitionen bis hin zur Harmonisierung von Rechtsvorschriften und der Förderung von »Cluster«-Bildungen.[15] Unter einem »Cluster« wird hier eine möglichst hohe Konzentration von Biotech-Unternehmen auf einem überschaubaren Raum verstanden. Industriespionage, der sich auf »Nova Atlantis« immerhin rund ein Drittel der Mitglieder des »Hauses Salomons« widmen, sieht der Aktionsplan freilich nicht vor.

Unter Punkt 16 kommt der Aktionsplan schließlich auch auf den Umgang mit ethischen Problemen zu sprechen. Hier sieht das Strategie-Papier vor, »Leitlinien« zu Themen wie »Stammzellforschung, Biobanken, Xenotransplantation und Gentest« erarbeiten zu lassen. Wer annimmt, hier offenbare die Kommission ein Problembewusstsein, das auch ein Verbot ethisch inakzeptabler Anwendungen prinzipiell für denkbar hält, den belehrt das Papier schnell eines Besseren. Denn diese Leitlinien könnten, schlägt die Kommission vor, auch in Form von »Selbstregulierungsinitiativen« der Wissenschaft und der Industrie »vorgelegt werden«.[16] Genauso könnte man auch der Rüstungsindustrie anbieten, »Leitlinien« für den Einsatz und den Handel von Waffensystemen zu erarbeiten. Das »Haus Salomons« lässt grüßen.

Die erkennbare Abneigung der EU-Kommission, sich ernsthaft mit den ethischen Problemen auseinanderzusetzen, welche einige Felder der Gentechnik, einem Teilgebiet der Biotechnologie, mit sich bringen, ist durchaus nachvollziehbar. Weil die Biotech-Industrie, wie das Papier an anderer Stelle klarstellt, noch keine »kritische Masse«[17] erreicht habe, mache es »der aktuelle Leistungsstand Europas in den Biowissenschaften und der Biotechnologie« schwer, das mit der Lissabon-Strategie erstrebte Ziel zu verwirklichen.[18]

Um es dennoch zu erreichen, schien vor allem dem damaligen EU-Forschungskommissar Philippe Busquin kein Opfer zu groß und kein Vergleich zu billig zu sein. Im Zuge der Verabschiedung des 6. EU-Forschungsrahmenprogramms waren die Mitgliedsstaaten der Europäischen Union im Jahr 2002 auf Vorschlag der dänischen Ratspräsidentschaft übereingekommen, auf dem Feld der embryonalen Stammzellforschung nur solche Projekte zu fördern, bei denen bereits existierenden Stammzelllinien zum Einsatz kommen. Der Grund: Die zur Gewinnung embryonaler Stammzellen erforderliche Tötung menschlicher Embryonen verstößt in zahlreichen Mitgliedsstaaten gegen nationales Recht.

Vor allem für Deutschland, Irland, Italien, Österreich und Portugal hätte eine andere Regelung bedeutet, mit den Steuergeldern ihrer Bürger Projekte in anderen Ländern zu finanzieren, die bei ihnen strafrechtliche Ermittlungen zur Folge hätten. Da andererseits Länder wie Großbritannien und Schweden, die bereits in die Embryonen verbrauchende Forschung eingestiegen waren, vehement für eine schrankenlose Förderung eintraten und mit Ausnahme von Portugal und Irland kein Land bereit war, den pünktlichen Start des 6. EU-Forschungsrahmenprogramms zu gefährden, wurde das Moratorium bis Ende 2003 befristet und die EU-Kommission beauftragt, vor Ablauf des Moratoriums Leitlinien für die künftige Forschungsförderung zu erarbeiten.

Zuvor hatten die Sozialisten und die Liberalen im Europäischen Parlament einen von dem deutschen CDU-Europaparlamentarier Peter Liese initiierten und von Christdemokraten und Grünen später gemeinsam forcierten Antrag zu Fall gebracht. Dieser sah vor, die umstrittene Forschung mit embryonalen Stammzellen aufgrund stark divergierender nationaler Gesetze und anhaltender Streitigkeiten komplett aus der europäischen Forschungsförderung auszuschließen.[19] Ein kluger Vorschlag, mit dem eigentlich alle Seiten hätten leben können müssen. Vor allem unter praktischen Gesichtspunkten: Von den 17,5 Milliarden Euro, die der Rat und das Europäische Parlament für das 6. EU-Forschungsrahmenprogramm bewilligt hatten, entfielen zwar 2,5 Milliarden Euro auf die Förderung von »Biowissenschaften, Genomik und Biotechnologie«, doch standen ihnen auch 150 000 Anträge auf Förderung, so genannte »calls for proposal«, gegenüber. Von diesen beschäftigten sich jedoch nur neun mit der Forschung an embryonalen Stammzellen.[20]

Gleichwohl reichten nach Darstellung von Busquin die weltweit verfügbaren Stammzelllinien, die aus getöteten Embryonen kultiviert worden waren, für die Forschung nicht aus.[21] Das musste – unabhängig von der Zahl der Förderanträge – auch insofern verwundern, als etwa in Deutschland Forscher wie der Bonner Oliver Brüstle für die Zulassung ihrer Forschungsvorhaben mit importierten Stammzellen damit geworben hatten, einmal etabliert würden die Zellkulturen ständig weiterwachsen. Daher sei die Tötung weiterer Embryonen zur Gewinnung embryonaler Stammzellen überhaupt nicht erforderlich.[22]

Im März 2003 wurde Journalisten ein internes Arbeitspapier der Kommission zugespielt, in dem sich die Verfasser Gedanken über die Leitprinzipien machten, anhand derer die

Forschung mit so genannten »überzähligen Embryonen« gefördert werden sollte. Danach sollten etwa Eltern ihren künstlich erzeugten und nicht mehr benötigten Nachwuchs, den Fortpflanzungskliniken in Kühltanks zu lagern pflegen, freiwillig und ohne geldwerte Gegenleistung der Forschung zur Verfügung stellen können.[23] Es spricht viel dafür, dass Busquin, der Gegner seiner Politik öffentlich auch schon einmal als »Taliban« diffamierte, auf die man in Europa verzichten könne,[24] mit diesem Papier die Reaktionen auf seinen späteren Vorschlag testen wollte.

Als am 9. Juli 2003 in Brüssel die wichtigsten Punkte der von der EU-Kommission gebilligten Leitlinien vorstellt wurden, da inszenierte »die Clique um EU-Forschungskommissar Philippe Busquin« ein perfektes »Täuschungsmanöver«.[25] Laut dem Kommissionsbeschluss sollten ab Januar 2004 mit Mitteln des 6. EU-Forschungsrahmenprogramms Projekte mit embryonalen Stammzellen in jenen Ländern gefördert werden können, in denen diese Forschung erlaubt ist. Die Kommission respektiere zwar die nationale Gesetzgebung, das ändere aber nichts daran, dass gemeinschaftlich geförderte Projekte auch von allen finanziert werden müssten. Um jedoch keinen Anreiz zur Herstellung von Embryonen eigens zum Zwecke der Stammzellforschung zu liefern, sähen die Leitlinien der Kommission eine »Stichtagsregelung« vor.

Wie nicht anders zu erwarten, dachten viele Journalisten sofort an die deutsche Stichtagsregelung. In Deutschland hatte das Parlament nach einer langen und kontrovers geführten Debatte schließlich am 30. Januar 2002 die Einfuhr und Verwendung bereits existierender embryonaler Stammzelllinien aus dem Ausland genehmigt, die dort vor dem 1. Januar 2002 aus getöteten Embryonen gewonnen worden waren. »Prompt meldeten (...) die ersten Agenturen, Brüssel habe sich in Sachen Embryonenforschung auf den deutschen Weg verständigt.«[26]

Völlig falsch. Die »Stichtagsregelung« der EU-Kommission hatte nicht nur einen anderen Stichtag, sondern auch etwas völlig anderes zum Inhalt. Danach sollten für die Gewinnung neuer embryonaler Stammzellen Embryonen verwendet werden dürfen, die vor dem 27. Juni 2002 – dem Tag der Verabschiedung des 6. EU-Forschungsrahmenprogramms – erzeugt worden waren und nun nicht mehr zur künstlichen Befruchtung benötigt würden. Mit anderen Worten: Den Fortpflanzungskliniken in Europa wäre gestattet worden, ihre Lager zu räumen. Forscher, die ihnen dabei unter die Arme griffen, hätten die Förderung durch die Europäische Union beantragen dürfen.

Wie viele Embryonen in Europa in den Tiefkühltanks von Fortpflanzungskliniken lagern, weiß niemand. Sicher ist: Es handelt sich mindestens um viele Hunderttausende. Laut dem früheren französischen Gesundheitsminister Philippe Douste-Blazy existierten im Juli 2005 allein in Frankreich zwischen 100 000 und 200 000 eingefrorene menschliche Embryonen. In Spanien, dem neuen Mekka der Fortpflanzungsmedizin, waren es Expertenschätzungen zufolge etwa 200 000.[27]

Als der Stichtags-Trick aufflog, brach sich die Empörung Bahn. Die grüne Europapolitikerin Hiltrud Breyer sprach von »Augenwischerei«.[28] Ihr CDU-Kollege Liese von »Täuschung«. Liese – selbst Arzt und promovierter Humangenetiker – verglich die Position der Kommission mit der Entscheidung, »Menschen, die vor einem bestimmten Stichtag geboren wurden, zum Zwecke der Gewinnung von Organen zu töten, Menschen, die nach diesem Stichtag geboren wurden, jedoch nicht.«[29] Die Behauptung Busquins, es gebe nicht genügend Stammzelllinien, bezeichnete er als »wissenschaftlichen Unsinn. Es gibt genug Stammzelllinien«. Hauptmotivation für die Etablierung neuer Stammzelllinien sei ihre Patentierung.[30]

Der Grund: Forscher, die mit importierten embryonalen Stammzellen arbeiten, müssen nicht nur für die Bereitstellung und Lieferung der vermeintlichen »Alleskönner« zahlen. Die »Besitzer« der Stammzelllinien haben sich in aller Regel auch vertraglich das Recht gesichert, am finanziellen Erfolg zu partizipieren. Entwickelten Wissenschaftler also aufgrund der Forschung mit importierten embryonalen Stammzellen tatsächlich einmal Produkte oder gar Therapien, dann klingelt auch die Kasse derjenigen, welche die Stammzellen aus getöteten Embryonen isoliert und in Kulturen angelegt haben.

Um ein ständiges Handaufhalten der Stammzellpioniere aus den USA und Israel zu verhindern, wollte Busquin offenbar Forschern in Europa ermöglichen, eigene Stammzelllinien herzustellen und patentieren zu lassen. Da sich dies jedoch – angesichts der erforderlichen Investitionen in so genannte Hochrein-Labors – für die meisten Institute und mittelständischen Biotech-Unternehmen erst dann lohnt, wenn nicht nur die Forschung mit, sondern auch die Herstellung von embryonalen Stammzellen gefördert wird, sollte die Europäische Union auch die Zerstörung menschlicher Embryonen subventionieren.

Auf »Nova Altlantis« wäre Philippe Busquin sicher ein angesehener Mann gewesen. Gut möglich, dass die »Väter« aus dem »Hause Salomons« dem Erfinder des »Stichtag-Tricks« sogar eine Statue in ihrer Ruhmeshalle errichtet hätten.

Busquin ist natürlich kein Einzelfall. In Europa denken viele wie der belgische Sozialist. So veröffentlichte im Dezember 2006 die »Boston Consulting Group« (BCG) eine

Studie mit dem Titel »Innovationsstandort Deutschland – quo vadis?« Der Bericht findet sich auf dem Internetportal »biotechnologie.de«, das wiederum eine »Initiative des Bundesministeriums für Bildung und Forschung« ist. In ihm fordert die nach eigenen Angaben »weltweit führende strategische Unternehmensberatung« auch mit Blick auf die Lissabon-Strategie der Europäischen Union eine »Neuausrichtung der Forschungsförderung« in Deutschland.[31] Als Vorbild, an dem sich Deutschland orientieren sollte, betrachten die BCG-Strategen vor allem Asien: »Während die Aufholjagd der Amerikaner gegenüber den Europäern im Bereich der Technikwissenschaften noch circa 100 Jahre gedauert hat, schafften die Japaner den Anschluss in 50 Jahren, und für Asien prognostiziert man 25 Jahre.«[32]

Das in Asien herrschende »außerordentlich freundliche« Wirtschaftsklima führen die BCG-Experten auf »die Verehrung von Wissen und Weisheit« zurück, die dort »anders als bei uns – nicht durch Fortschrittsskeptizismus und Ideologie behindert« werde. Die Ursache hierfür kennen die Autoren des Papiers selbstverständlich auch: »Ethische Standards stehen dem wissenschaftlichen Fortschritt – vor allem in der Biotechnologie – kaum entgegen. Die christliche Ethik, auf der unsere ganze Gesellschaftsordnung aufbaut, ist in Asien wenig verbreitet.«[33]

So wie Bacon sein »Nova Atlantis« – offenbar nicht frei von Größenwahn – an die Stelle von Platons »Atlantis« zu setzen gedachte, wollen heute viele ein »Nova Europa« an die Stelle des »alten« Europas setzen. Eines Europas, das sich nicht nur als Wirtschafts-, sondern zugleich auch als Wertegemeinschaft verstand. Werte sind das, woran der Staatsrechtler Ernst-Wolfgang Böckenförde dachte, als er formulierte: »Der freiheitliche, säkulare Staat lebt von Voraussetzungen, die er selbst nicht garantieren kann.«[34] Weil für einen Staatenbund dasselbe gilt, täte Europa vermutlich gut daran, wenn es sich statt an Bacon an einen anderen Briten hielte. Im zweiten Teil des Dramas »König Heinrich IV.« lässt William Shakespeare den sterbenden König seinen Sohn mahnen: »Die Größe, die du suchst, wird dich erdrücken.«[35]

---

1 Mulisch, Harry: Die Entdeckung des Himmels. 21. Aufl., Hamburg 2004. S. 864.
2 vgl. Krohn, Wolfgang: Francis Bacon. München 1987. S. 158.
3 vgl. Bacon, Francis: Neu Atlantis. Berlin 1984. S. 28f.
4 ebenda S. 40 ff.
5 ebenda S. 40.
6 ebenda S. 47.
7 ebenda S. 49.
8 ebenda S. 38 ff.
9 ebenda S. 49 f.
10 Schlussfolgerungen des Vorsitzes. Europäischer Rat (Lissabon) 23. und 24. März 2000 SN100/00. S. 2.
11 vgl. Bundesministerium für Bildung und Forschung (Hrsg.): »Bundesbericht Forschung 2004« S. 524.
12 vgl. Mitteilung der Kommission an den Rat, das Europäische Parlament, den Wirtschafts- und Sozialausschuss und den Ausschuss der Regionen: »Biowissenschaften und Biotechnologie: Eine Strategie für Europa.« KOM (2002) 27 endgültig.
13 ebenda S. 3.
14 ebenda S. 4.
15 ebenda S. 25 ff.
16 ebenda S. 33.
17 ebenda S. 27.
18 ebenda S. 4.
19 vgl. »Für Gold und Euroland.« Die Tagespost v. 13. 3. 2003.
20 vgl. »Wo sitzen die wirklichen Feinde der Forschung?«. Die Tagespost v. 31. 8. 2002.
21 vgl. »Moralisch eine Zumutung.« Die Tagespost v. 8. 7. 2003.
22 vgl. wie Anm. 18.
23 vgl. ebenda
24 vgl. Eble, Georg: Der heiße EU-Herbst. In: LebensForum (2003), Nr. 66, S. 12–13. Hier S. 13.
25 vgl. »Der Stichtag-Trick.« Die Tagespost v. 12. 7. 2003.
26 ebenda
27 vgl. »Lebensrecht unter Druck.« Die Tagespost v. 18. 1. 2005.
28 vgl. »EU stützt Embryonenforschung.« Frankfurter Rundschau v. 10. 7. 2003.
29 vgl. »Verletzung der Menschenwürde.« Deutsches Ärzteblatt v. 25. 7. 2003. S. 190.

30 vgl. »Die große Verwirrung.« Die Tagespost v. 6. 12. 2003.

31 The Boston Consulting Group: Innovationsstandort Deutschland – quo vadis? Wie gut wir sind, wo unsere Chancen liegen und wie wir die Zukunft meistern können. München 2006. S. 5.

32 ebenda S. 7.

33 ebenda

34 Böckenförde, Ernst-Wolfgang: Die Entstehung des Staates als Vorgang der Säkularisation (1967). In: ders.: Staat, Gesellschaft, Freiheit. Studien zur Staatstheorie und zum Verfassungsrecht. Frankfurt a. Main 1976. S. 42–64. Hier S. 60.

35 Shakespeare, William: König Heinrich IV. 2. Teil 4. Aufzug, 4. Szene. Stuttgart 2003. S. 176.

»Die Frage, ob der Kapitalismus ein Faschismus ist, entscheidet sich vielleicht an der Frage, wem die Menschen die Macht über die Gene geben oder lassen werden.«

DIETMAR MIETH
»Die Diktatur der Gene«

KAPITEL 7

Bio-Patente

Der zähe und ausnahmsweise erfolgreiche Kampf um die Umsetzung der EU-Biopatentrichtlinie

Patente sind kein Teufelszeug. Auch wenn ihr Missbrauch eine lange Tradition hat: Francis Bacon etwa, der 1621 wegen Bestechlichkeit verurteilt und aus seinen Ämtern entfernt wurde, hatte als Großsiegelbewahrer und Lordkanzler willkürlich Handelspatente erteilt, durch die der Handel vieler Güter auf den Britischen Inseln zum Schaden der Bevölkerung zum Erliegen kam; darunter der mit Salz, Essig, Öl, getrockneten Heringen, Kalbshäuten, Johannisbeeren, Anis, Bürsten und Töpfen, Eisen, Pulver, Stahl, Salpeter, Schwefel, Zinn, Glas, Papier und Segeltuch.[1]

Heute werden Patente vor allem auf technische Innovationen erteilt. Vernünftig eingesetzt und gebraucht, ermöglichen sie die Vermehrung des Gemeinwohls. Indem ein Patent seinen Inhaber berechtigt, andere für eine bestimmte zeitliche Dauer von der gewerblichen Nutzung seiner Erfindung auszuschließen und für ihre Nutzung Lizenzgebühren zu verlangen, stellt es dem Patenthalter eine »gewinnbringende Vermarktung« seiner Erfindung in Aussicht.[2] Damit schaffen

Patente nicht nur Anreize, sondern angesichts der oftmals immens kostspieligen Investitionen in Forschung und Entwicklung in vielen Fällen überhaupt erst die Möglichkeit, innovative Ideen auch tatsächlich in Produkte umzusetzen Produkte, die unser aller Leben bereichern. Weil mit der Vergabe eines Patents die Pflicht zur Offenlegung aller »für die Erfindung wesentlichen Informationen« verbunden ist, sorgen Patente zudem dafür, dass das in die Erfindung eingeflossene Wissen der Allgemeinheit zugänglich wird.[3] Dies eröffnet nun anderen die Chance, die in dem Patentantrag beschriebene Erfindung weiter zu verbessern oder aber das darin mitgeteilte Wissen für die Entwicklung anderer Innovationen zu nutzen. Die Vergabe eines Patents setzt also eine Innovationskaskade in Gang, die allen zugutekommt. Zumindest in der Theorie.

Die Praxis sieht oft anders aus. Viele Unternehmen setzen Patente nicht nur zur Absicherung von Investitionen ein, sondern verwenden sie auch als »strategische Waffe zur Eroberung« von Märkten.[4] Dazu werden um so genannte »Basispatente« eine Reihe von »Folgepatenten« geknüpft, die das »operative Feld eines Konzerns wie ein Tretminenfeld umgeben«. Ganze Geschäftsfelder lassen sich auf diese Weise zu wettbewerbsfreien Zonen machen.[5] Das Nachsehen haben in solchen Fällen nicht nur die Mitbewerber, sondern auch die Verbraucher, die sich aufgrund des Mangels an Konkurrenten dann der Preispolitik der Monopolisten beugen müssen. Umgekehrt lassen sich Patente statt zur Abschottung gegen Mitbewerber auch zu deren Vertreibung einsetzen: »War ein Konkurrent schneller und hat sein Patent zuerst angemeldet, kann er durch eine Reihe von ›Netzpatenten‹, die sich auf Fortentwicklungen seiner Erfindungen beziehen, von der weiteren Entwicklung seiner Erfindung abgeschnitten werden.«[6] Erneut hat der Verbraucher das Nachsehen. Denn oftmals wandern Netzpatente bloß in den Tresor. Statt die mit ihnen verbundenen Innovationen zum Wohle der Verbraucher umzusetzen, werden sie einfach weggeschlossen.

So weit, so schlecht. Es geht aber noch schlechter; nämlich dann, wenn der gesetzliche Rahmen so ausgeweitet wird, dass er die Bildung von Monopolen geradezu heraufbeschwört und die Patentierbarkeit auf Bereiche ausdehnt, die gar nicht erfunden, sondern bloß gefunden werden können.

Und genau darum geht es bei der so genannten EU-Biopatentrichtlinie. Am 6. Juli 1998 verabschiedete die Europäische Union nach rund zehnjährigen, kontrovers geführten Beratungen die »Richtlinie 98/44/EG des Europäischen Parlaments und des Rats über den Schutz biotechnologischer Erfindungen«. Die Mitgliedsstaaten wurden verpflichtet, bis zum 30. Juli 2000 ihr nationales Patentrecht an die Vorgaben dieser Richtlinie anzupassen. Dadurch sollte in den Mitgliedsstaaten der Europäischen Union ein wirksamer und harmonisierter Patentschutz auch auf dem Feld der belebten Natur geschaffen werden. Für nötig erachtet wurde dies, weil gerade in der Gentechnik die erforderlichen Investitionen in Forschung und Entwicklung regelmäßig so hoch sind, dass sie sich für die Unternehmen nur dann rechnen, wenn ihnen Patente zuerkannt werden, die ihnen die alleinigen Rechte an der kommerziellen Nutzung ihrer Produkte sichern und sie ausreichend vor Ideendiebstahl schützen. Anders formuliert: Ohne Patente keine biotechnologisch hergestellten Medikamente. Bemerkenswert ist, dass dieser Grundsatz nicht nur von allen Kritikern geteilt wurde, sondern dass ein Teil ihrer Kritik sich gerade daran entzündete, dass die konkrete Ausgestaltung der Richtlinie diesem Grundsatz nur unzureichend Rechnung trug. Dazu später mehr.

Werfen wir zunächst einen Blick auf die eindrucksvolle

Phalanx der Kritiker. Diese reicht auf der internationalen Ebene von der UNESCO und der Parlamentarischen Versammlung des Europarats über den Weltärztebund und den Ständigen Ausschuss der Europäischen Ärzte, der die nationalen Ärztekammern auf europäischer Ebene vertritt, bis hin zur Kommission der Bischofskonferenzen der Europäischen Gemeinschaften (COMECE). In Deutschland forderten vor allem die Enquete-Kommission »Recht und Ethik der modernen Medizin« des Deutschen Bundestags, der Bundesrat, die Bundesärztekammer, die Krankenkassen sowie die Kirchen und der Bundesverband Lebensrecht (BVL), unter dessen Dach sich 13 Lebensschutzorganisationen zusammengeschlossen haben, bei der Überführung der Richtlinie in deutsches Recht müssten zentrale Änderungen vorgenommen werden. Der Umweltschutzorganisation »Greenpeace«, den »Interessengemeinschaften kritische Bioethik Deutschland«, dem »Gen-ethischen Netzwerk« und der Organisation »Kein Patent auf Leben« ging das nicht weit genug. Anstelle von Reformen bei der Umsetzung forderten sie eine vollständige Neuverhandlung der Richtlinie auf europäischer Ebene. Dagegen befürworteten der damalige Bundeskanzler Gerhard Schröder und Bundesjustizministerin Brigitte Zypries (SPD) eine unveränderte Umsetzung der EU-Biopatentrichtlinie in nationales Recht.

Wie umstritten die Richtlinie auch in anderen Staaten der Europäischen Union ist, zeigt die Tatsache, dass sie bis zum vereinbarten Termin nur von Großbritannien, Irland, Dänemark und Finnland in nationales Recht übergeführt worden war.[7] Die übrigen Länder warteten erst einmal ab. Denn im Dezember 1998 hatten die Niederlande, die als einziger Mitgliedsstaat gegen die Richtlinie gestimmt hatten, beim Europäischen Gerichtshof in Luxemburg (EuGH) eine Klage gegen die Richtlinie eingereicht, der sich später auch Italien anschloss. Der Hintergrund: 1996 hatte das niederländische Parlament einstimmig beschlossen, »dass das Patentrecht auf biotechnologische Verfahren beschränkt bleiben müsse«.[8] Vor dem EuGH begründete die Regierung des Königreichs der Niederlande ihre Klage damit, »dass die Richtlinie ein neues gewerbliches Eigentumsrecht schaffe, dessen Einführung nur einstimmig habe beschlossen werden können«.[9] Im Jahr 2001 wies der EuGH die Klage ab.[10] Von da an erhöhte die EU-Kommission den Druck auf die Mitgliedstaaten, die Richtlinie in nationales Recht zu überführen. Im Januar 2004 verklagte sie Deutschland und Österreich wegen Vertragsbruch. Nachdem der EuGH bereits zuvor Frankreich, Luxemburg und Belgien wegen Nichtumsetzung verurteilt hatte, fällte er am 28. Oktober desselben Jahres ein ähnliches Urteil auch gegen Deutschland.[11] Obwohl dies nicht zuletzt wegen der hohen Geldstrafen, die Deutschland im nächsten Verfahrenschritt drohten, reichlich Wasser auf die Mühlen der Befürworter einer unveränderten Umsetzung schüttete, setzte sich am Ende die bunte Truppe der Kritiker durch.

Das vom Deutschen Bundestag am 21. Januar 2005 verabschiedete und am 28. Februar 2005 in Kraft getretene »Gesetz zur Umsetzung der Richtlinie über den rechtlichen Schutz biotechnologischer Erfindungen«[12] mag nicht der Weisheit allerletzter Schluss sein. Doch bannt es die Hauptgefahren, die von einer 1:1-Umsetzung der EU-Richtlinie in nationales Recht ausgegangen wären und die eine Revolution der bisherigen Patentierungspraxis zur Folge gehabt hätte. Diese wurden in der öffentlichen Auseinandersetzung mit den Begriffen »Patente auf Leben« und »umfassender Stoffschutz« kenntlich gemacht. »Gene und alles, was Gene in sich trägt«, sollte durch die Umsetzung der EU-Biopatentrichtlinie als »biologisches Material« patentierbar werden.[13] Relativ problemlos wäre dies in Deutschland möglich gewesen, weil »die planmäßige Ausnutzung biologischer Naturkräfte und Naturerscheinungen« hier bereits aufgrund der Rechtsprechung des Bundesgerichtshofs (BGH) aus dem Jahr 1969 grundsätzlich als patentierbar galten. Und auch nach einer Entscheidung des Bundespatentgerichts von 1977 besteht zwischen chemischen Stoffen, wie sie in der Natur vorkommen, und ihren künstlich hergestellten Äquivalenten kein patenrechtlicher Unterschied.[14] Daher waren auch Bestandteile des menschlichen Körpers wie Blutplasma, Zellen, Proteine oder DNA-Sequenzen sowie andere Stoffe, die aus Organismen, einschließlich des menschlichen, isoliert werden können, bislang nicht ausdrücklich vom Patentschutz ausgenommen. Mit der unveränderten Umsetzung der EU-Biopatentrichtlinie wären sie nun ausdrücklich für patentierbar erklärt worden. So lautete § 1a Absatz 2 des ursprünglichen Umsetzungsentwurfs der Bundesregierung: »Ein isolierter Bestandteil des menschlichen Körpers oder ein auf andere Weise durch ein technisches Verfahren gewonnener Bestandteil, einschließlich der Sequenz oder Teilsequenz eines Gens, kann eine patentierbare Erfindung sein, selbst wenn der Aufbau dieses Bestandteils mit dem Aufbau eines natürlichen Bestandteils identisch ist.« Die mit den Patenten erteilten Verwertungsrechte hätten sich damit nicht nur auf technische Verfahren zur Isolierung von Genen erstreckt, sondern auch auf diese selbst.

Darüber hinaus sah der Regierungsentwurf analog zu der EU-Richtlinie auch noch einen sehr weit reichenden Patentenschutz vor, der alle mit einer Gensequenz verbundenen Funktionen – bekannte wie noch unbekannte – umfassen sollte. Der Grund dafür ist, dass 1998 – in dem Jahr, in dem die EU-Biopatentrichtlinie nach rund zehnjährigen Verhandlungen beschlossen wurde – Forscher die Zahl der menschlichen Gene noch auf rund 100 000 schätzten. Jedes einzelne, so dachte man, sei für die Produktion eines Eiweißes zuständig, das wiederum eine einzige Funktion im menschlichen Körper besitze. Derartige Vorstellungen gelten inzwischen als überholt. Heute geht man davon aus, dass das menschliche Genom aus rund 25 000 Genen besteht, die überwiegend nicht einzeln, sondern im Verbund eine Vielzahl von Eiweißen produzieren, die wiederum verschiedene Funktionen erfüllen.

Gemäß einer zwischen den Regierungsfraktionen und dem Justizministerium getroffenen Vereinbarung wurde bei dem vom Deutschen Bundestag dann beschlossenen Gesetzentwurf zur Umsetzung der EU-Biopatentrichtlinie der § 1a neu gefasst und ein neuer Absatz 4 eingefügt. Darin wird klargestellt, dass sich der mit dem Patent erteilte Verwertungsanspruch nur auf die im Anspruch konkret beschriebenen Anwendungen erstreckt. § 1 a Absatz 1 des novellierten Patentgesetzes (PatG) lautet daher nun: »der menschliche Körper in allen Phasen seiner Entstehung und Entwicklung, einschließlich der Keimzellen, sowie die bloße Entdeckung eines seiner Bestandteile oder seiner Produkte, einschließlich der Sequenz oder Teilsequenz eines Gens, können keine patentierbaren Erfindungen sein.«[15]

Damit wird der Kritik Rechnung getragen, die auch die Gremien, welche die Politiker in bioethischen Fragen beraten, immer wieder vorgebracht hatten. In ihren Stellungnahmen zur Umsetzung der EU-Biopatentrichtlinie hatten sowohl eine überwältigende Mehrheit der Enquete-Kommission als auch eine qualifizierte Minderheit des Nationalen Ethikrates (nämlich 11 seiner 25 Mitglieder) eine unveränderte Umsetzung der Biopatentrichtlinie strikt abgelehnt und gefordert, nicht nur »Patente auf Leben« generell von der Patentierbarkeit auszunehmen, sondern auch den Patentschutz auf konkrete Anwendungen zu beschränken.

Dabei argumentierten die Gremien nicht ausschließlich ethisch. Laut der Enquete-Kommission behindert eine Patentierung, die sich nicht auf Verfahren beschränkt, sondern auch auf Gene und Gensequenzen erstreckt, die Forschung statt sie zu fördern. Wörtlich heißt es in der Stellungnahme der Kommission: »Tatsächlich zeigte sich in der Vergangenheit, dass große Biotechnologie-Unternehmen das Patentrecht nutzen, um über eine möglichst weit reichende Absteckung ihrer Claims Märkte zu erschließen und zu sichern. Es wurden Patente erteilt, deren Reichweite unangemessen groß ist. Diese Patentierungen vor allem von Gensequenzen ermöglicht es den Patenthaltern, mit so genannten Global- und Netzpatenten ganze zukünftige Entwicklungsfelder der Biotechnologie zu besetzen und damit andere zu blockieren«.[16]

Zu befürchten ist zudem, dass sich Wissenschaftler von der Forschung an einem Gen zurückziehen, sobald einem von ihnen ein Patent auf dieses Gen erteilt wird. Denn bei einem umfassend gewährten Stoffschutz können alle anderen mit der kommerziellen Verwertung ihrer Forschungen nicht mehr rechnen. Schon heute bleiben Krankheiten unerforscht, weil die Zahl der von ihr Betroffenen so klein ist, dass sich die Herstellung eines Medikaments selbst im Erfolgsfall betriebswirtschaftlich nicht rechnet. Der Genpool von Menschen, Tieren und Pflanzen ist eine der wertvollsten Ressourcen der Menschheit. Es sei eine absurde Vorstellung, dass Unternehmen darauf Patente haben sollten. »Die Entdeckung der Natur kann man doch nicht als Erfindung betrachten«, sagt Jeremy Rifkin und fordert: »Wir brauchen ein großes globales Abkommen, das die Gen-Baupläne zum Gemeingut erklärt wie einst die Antarktis.« Andernfalls werde es, nach Kriegen um Metall und Öl, auch Kriege um Gene geben.[17]

So weit wie Rifkin, den das »Time Magazin« einmal als den »meist gehassten Mann der Wissenschaft« vorstellte[18], geht der deutsche Bioethiker Dietmar Mieth nicht. Als deutsches Mitglied der interdisziplinären Beratergruppe der EU-Kommission »Ethik in den Wissenschaften und in den neuen Technologien« hat er die Auseinandersetzung um die EU-Biopatentrichtlinie aus der Nähe erlebt.[19] In seinem Buch »Die Diktatur der Gene« schreibt er: Wissenschaft, Technik und Gesellschaft werden im Namen eines Fortschrittsparadigmas gleichgeschaltet. Glaube man den »Konturen, die man in der Dämmerung des ersten biotechnischen Lebensalters sieht, dann sind die Gefahren eines neuen Totalitarismus nicht von der Hand zu weisen«. Und mit Blick auf die Patentierung von Genen meint er: »Für wen Recht ist, was der Wirtschaft nützt, der beerbt einen zentralen Spruch des Faschismus (›Recht ist, was dem Volke nützt‹) – nur dass dieser jetzt nicht mehr ein nationaler, sondern ein ökonomischer und globaler geworden ist.« Daher entscheide sich »die Frage, ob der Kapitalismus ein Faschismus ist, vielleicht an der Frage, wem die Menschen die Macht über die Gene geben oder lassen werden.«[20]

In Deutschland hat der zähe Kampf um die Umsetzung der EU-Biopatentrichtlinie gezeigt, dass am Ende durchaus auch einmal jene die Nase vorn haben können, die nicht von der Gier nach Profit dazu verleitet werden, die Zukunft der Menschheit aufs Spiel zu setzen. Der Druck, den der vorpolitische Raum hier entfaltete, hat nicht nur verhindert, dass Pfeiler geltenden Rechts unter dem Vorwand wissenschaftlicher und wirtschaftlicher Notwendigkeiten uminterpretiert wurden. Er hat auch gezeigt, dass es kein Naturgesetz gibt, das Siege des »New Science«-Lagers zwingend vorschriebe.

Welche Konsequenzen der umgekehrte Fall hätte, illustriert das folgende Kapitel an Hand eines singulären Falls, dessen repräsentativer Charakter aber unschwer zu erkennen sein dürfte.

---

1 vgl. Then, Christoph: Am Anfang war die Krebsmaus. Patente auf Leben. In: Emmrich, Michael (Hrsg): Im Zeitalter der Biomacht. 25 Jahre Gentechnik – Eine kritische Bilanz. 2. Aufl., Frankfurt a. Main 2001. S. 354–366. Hier S. 356.

2 vgl. Baumgartner, Christoph / Mieth, Dietmar: Biopatentierung. Ziele. Probleme und ethische Aspekte. In: Hilpert, Konrad / Mieth, Dietmar (Hrsg): Kriterien biomedizinischer Ethik. Theologische Beiträge zum gesellschaftlichen Diskurs. Freiburg i. Breisgau 2006. S. 275–292. Hier S. 275 f.

3 vgl. ebenda

4 vgl. wie Anm. 1.

5 ebenda S. 357.

6 ebenda

7 vgl. Zwischenbericht der Enquete-Kommission Recht und Ethik der modernen Medizin: Teilbericht zu dem Thema »Schutz des geistigen Eigentums in der Biotechnologie« v. 25. 1. 2001. Bundestags-Drucksache 14/5157. S. 7.

8 Mieth, Dietmar: Was wollen wir können? Ethik im Zeitalter der Biotechnik. Freiburg i. Breisgau 2002. S. 314.

9 vgl. wie Anm. 1.

10 vgl. wie Anm. 2.

11 vgl. Urteil des EuGH. Rs. C – 5/04 v. 28. 10. 2004.

12 vgl. Gesetz zur Umsetzung der Richtlinie über den rechtlichen Schutz biotechnologischer Erfindungen. Bundesgesetzblatt (2005), Teil I Nr. 6, ausgegeben zu Bonn am 28. 1. 2005. S. 146–149.

13 vgl. wie Anm. 1. S. 360.

14 vgl. wie Anm. 7. S. 6.

15 vgl. wie Anm. 12.

16 vgl. wie Anm. 7. S. 11.

17 vgl. »Patente passen nicht mehr in die neue Zeit.« Die Welt v. 12. 12. 2000.

18 vgl. ebenda

19 vgl. wie Anm. 8.

20 Mieth, Dietmar: Die Diktatur der Gene. Freiburg i. Breisgau 2001. S. 15.

»Sein Gewissen war rein, er benutzte es nie.«
STANISLAW JERZEY LEC
»Unfrisierte Gedanken«

KAPITEL 8

DE 197 56 864 C1 oder der Fall Oliver Brüstle

Greenpeaces Kampf gegen Deutschlands »patentesten« Stammzellforscher

Der Mann ist so wandlungsfähig wie seine Forschungsobjekte. Aus den embryonalen Stammzellen, mit denen der Bonner Neuropathologe Oliver Brüstle seit Ende 2002 experimentiert, entwickeln sich sämtliche Zell- und Gewebetypen des menschlichen Organismus. Möglich wurde dies erst, als der Deutsche Bundestag mit dem im Juli 2002 in Kraft getretenen Stammzellgesetz deutschen Forschern gestattete, die aus getöteten Embryonen gewonnen Zellen aus dem Ausland zu importieren.

Dieser von manchen als »Lex Brüstle« bezeichneten Entscheidung[1] war eine über ein Jahr dauernde kontrovers geführte Debatte vorausgegangen, in deren Verlauf sich Brüstle in den Medien stets als »Grundlagenforscher« präsentierte, der mit seinem Können ausschließlich zur Heilung bislang unheilbarer Krankheiten wie Alzheimer, Diabetes, Multipler Sklerose und Parkinson beitragen wolle. Schnell machte die Rede von der »Ethik des Heilens« die Runde, als deren Kronzeuge Brüstle, der bis dato offiziell nur an Mäusen geforscht hatte, aufgebaut wurde.

Ganz unschuldig war der Forscher daran nicht. Mit dem damaligen nordrhein-westfälischen Ministerpräsidenten und späteren »Superminister« Wolfgang Clement (SPD) tourte Brüstle öffentlichkeitswirksam durch Israel und ließ sich bei der Gelegenheit an der Universität Haifa, lange bevor das Stammzellgesetz verabschiedet wurde, schon einmal einige Stammzellen reservieren.

Doch dann geriet Deutschlands Vorzeigeforscher plötzlich ins Visier der Umweltschutzorganisation »Greenpeace« und des »Westdeutschen Rundfunks« (WDR). Am 24. Februar 2003 berichtete das in der ARD ausgestrahlte Wirtschaftsmagazin »plusminus«, der Grundlagenforscher Brüstle besitze bereits seit 1999 ein deutsches Patent (DE 19756864 C1), bei dem es auch um das Klonen gehe.

Im Gegensatz zum Import embryonaler Stammzellen ist das Klonen von Embryonen in Deutschland unabhängig von dem damit verfolgten Zweck durch das Embryonenschutzgesetz verboten. Von der zuständigen Bundesjustizministerin Brigitte Zypries (SPD) forderte Greenpeace daraufhin, das Patent aus dem Verkehr zu ziehen, das Brüstle die wirtschaftlichen Verwertungsrechte auch auf die aus geklonten Embryonen gewonnen Zellen sichern sollte. Doch die Ministerin weigerte sich. In einem Gespräch mit Greenpeace-Geschäftsführerin Brigitte Behrens lehnte Zypries eine gerichtliche Überprüfung des Patents von Brüstle ab.[2]

Für Insider war das freilich keine Überraschung – denn der Bund förderte damals mit 15 Millionen Euro den Aufbau einer GmbH namens »Life & Brain« in Bonn. Weitere 30 Millionen Euro kamen vom Land Nordrhein-Westfalen.[3] Mit »Life & Brain« sollte laut einer Selbstdarstellung der Firma, die damals im Internet für jedermann zugänglich war, eine »Modell-Institution geschaffen werden, welche die Vorteile einer krankheitsorientierten akademischen Forschung auf höchstem Niveau mit industriellem Know-how unter einem Dach verbindet«. Als Gesellschafter von »Life & Brain« waren das Bonner Universitätsklinikum und »Partner aus der Industrie« angegeben. Genutzt werden sollte »Life & Brain«, wie es in dem Firmenporträt weiter hieß, »als Basis für Top-Forschungsprojekte und als Inkubator für Industriepartner und Start-ups«. Als einer ihrer Geschäftsführer fungiert heute niemand anderes als der »Grundlagenforscher« Oliver Brüstle (Stand Herbst 2007).

So wundert es auch nicht, dass das Dienstleistung-Portfolio von »Life & Brain« ganz auf den Bonner Neuropathologen zugeschnitten ist. Befremdlich wirkte eher, dass sich die Selbstdarstellung des Unternehmens wie eine Werbeschrift für Investoren las. »Störungen der Gehirnfunktion im Rahmen von Erkrankungen«, stand dort zu lesen, hätten »in der Regel erhebliche Auswirkungen auf die Lebensqualität und Leistungsfähigkeit der Betroffenen«. Die entsprechenden Krankheiten seien »häufig chronisch fortschreitend«, nähmen »mit dem Alter kontinuierlich zu« und ließen sich »in vielen Fällen nur unbefriedigend behandeln«. Damit stellten sie »eine der größten Herausforderungen für unsere Volkswirtschaft, unser Gesundheitswesen und für die biomedizinische Forschung dar«. Spätestens hier muss jeder Investor den Rubel rollen sehen.

Doch die Werbeschrift hatte noch mehr zu bieten: Erschwerend komme hinzu, »dass viele zentralnervöse Leiden in der Regel erst zu einem späten Zeitpunkt festgestellt werden, nur beim Menschen vorkommen, einer geweblichen Untersuchung schwer zugänglich sind und damit lediglich eingeschränkt beforscht werden können«. Deswegen seien auch die Möglichkeiten der industriellen Forschung und Entwicklung stark limitiert, »da ein freier Patienten- und Probenzugang kaum existiert«.

In all diesen Bereichen, versprach das Firmenporträt, werde »Life & Brain« für eine »grundlegende Verbesserung« sorgen. Zu diesem Zweck solle mit »Life & Brain« ein »Spitzenzentrum geschaffen werden, welches mit modernen Technologien der Genom- und Protenom-Analyse, mit der rekonstruktiven Neurobiologie (Brüstles Spezialgebiet, Anm.), mit den kognitiven Neurowissenschaften und funktioneller Bildgebung im Gehirn sowie mit der Bio- und Neuroinformatik alle für die Neurowissenschaften wesentlichen Ebenen der modernen Biotechnologie zusammenführt«. Dies schaffe »verbunden mit einem Industrie-Inkubator und assoziiert mit einem hochrangigen klinisch und molekular orientierten akademischen Neurozentrum« optimale Voraussetzungen für das Verständnis von Krankheiten des Gehirns und ihrer Behandlung, »deren Bedeutung für die moderne Biotechnologie mit ihrem enormen Wertschöpfungspotenzial immer deutlicher zu Tage« trete. Aktuelle Errungenschaften wie die »vollständige Sequenzierung des humanen Genoms durch die Firma Celera und die bereits dadurch ausgelösten Impulse auf dem Aktienmarkt« unterstrichen dies bereits. Der Stammzell-basierte Zellersatz im Nervensystem verspreche überdies »Lösungen für eine der brennenden Fragen der Biomedizin, nämlich einer erfolgreichen Behandlung bislang bleibender Schäden im zentralen Nervensystem. Aufgrund ihrer altersabhängig stark zunehmenden Häufigkeit und langjährigen Pflegeintensität zählen Funktionsstörungen des Nervensystems zu den drängendsten sozioökonomischen Problemen«. Ende der Durchsage.

Äußert sich Brüstle in den Medien, so ist nie von »drängendsten sozioökonomischen Problemen«, dem »enormem

Wertschöpfungspotenzial« und »Impulsen auf dem Aktienmarkt« die Rede. Im Fokus stehen dann einzig und allein die Heilungschancen: »Wir haben eine ärztliche Verantwortung, neue Therapien für Krankheiten zu suchen, für die es bisher wenig Heilungschancen gibt.«[4] Seine spezielle Rhetorik des Heilens verbot es Brüstle auch stets, von »beforschten« Patienten zu sprechen oder einen »stark limitierten Patienten- und Probenzugang« zu beklagen. Auch über das Klonen redet Brüstle selten öffentlich. Wenn er es aber muss, sagt er Sätze wie diese: »Mit Klonen oder gar der Herstellung von Embryonen hat das seit Jahren bekannte Patent rein gar nichts zu tun.«[5]

Rein gar nichts? Zwar beschreibt das Patent zunächst ganz allgemein die Herstellung neuronaler Vorläuferzellen aus den Stammzellen menschlicher Embryonen. Allerdings hatte der clevere »Grundlagenforscher« dabei an alles gedacht: Die Embryonen, auf deren Stammzellen es Brüstle abgesehen hat, können laut diesem Patent nämlich durch natürliche oder künstliche Befruchtung gezeugt oder eben auch durch die in Deutschland verbotene Klonierung entstanden sein. Die 26-seitige Patentschrift »Neurale Vorläuferzellen, Verfahren zur Herstellung und ihre Verwendung zur Therapie«[6] nimmt nicht nur Bezug auf Experimente zur Transplantation von Hirngewebe abgetriebener Kinder in die Gehirne von Parkinson-Patienten, sondern spricht auch die Möglichkeit an, Embryonen und damit embryonale Stammzellen durch die Transplantation von Zellkernen eines ausgereiften Organismus in unbefruchtete Eizellen zu gewinnen.

Mit der Erteilung des Patents sei Brüstle deutschlandweit das exklusive Recht erteilt worden, bis zum 19. Dezember 2017 »darüber zu verfügen, ob, von wem und zu welchem Preis« alle diese Zellen »benutzt, hergestellt, verwendet und in Verkehr gebracht werden«, erläutert der Würzburger Medizinrechtsexperte Rainer Beckmann.[7] Nun verstoße aber »die Verwertung menschlicher Embryonen zu kommerziellen Zwecken«, wie sie das Patent Brüstles beanspruche, »gegen die öffentliche Ordnung und die guten Sitten«, erklärt Beckmann, der in den vergangenen beiden Legislaturperioden als Sachverständiger in der Enquete-Kommission »Ethik und Recht der modernen Medizin« des Deutschen Bundestags wirkte. Das Verbot ergebe sich nicht nur aus den gesetzlichen Bestimmungen des Embryonenschutzgesetzes und aus dem Grundgesetz.

Der Tatbestand sei vom Gesetzgeber auch noch einmal ausdrücklich im Patentgesetz normiert worden. So halte das Patentgesetz in § 21 Absatz 1 fest, dass ein Patent zu widerrufen sei, wenn sich ergebe, dass es nach §§ 1 bis 5 nicht patentfähig ist. Genau dies sei beim Brüstle-Patent der Fall, meint Beckmann. Denn gemäß § 2 Nr. 1 seien Erfindungen vom Patentschutz ausgeschlossen, deren Veröffentlichung und Verwertung gegen die öffentliche Ordnung und die guten Sitten verstoße.[8]

Eine Ansicht, die auch das Bundespatentgericht teilte. Gut zwei Jahre, nachdem Greenpeace, unterstützt von der Ärztevereinigung »Marburger Bund«, im Oktober 2004 beim Deutschen Patentgericht Klage gegen das Brüstle-Patent eingereicht hatte, widerrief der zuständige Nichtigkeitssenat am 5. Dezember 2006 wesentliche Patentansprüche Brüstles und erklärte das Patent DE 197 56 864 C1, soweit dieses »Zellen bzw. die Herstellung von Zellen« umfasse, die »aus embryonalen Stammzellen von menschlichen Embryonen gewonnen« werden, für »nichtig«.[9]

»Das Bundespatentgericht hat deutlich gemacht, dass menschliches Leben nicht kommerziell verwertet werden darf«, thriumphierte daraufhin der Patentexperte von Greenpeace, Christoph Then. »Ethische Grenzen müssen den finanziellen Interessen der Patentanmelder übergeordnet werden.«[10]

Allerdings ist das letzte Wort in dieser Angelegenheit noch nicht gesprochen. Denn der »Grundlagenforscher« Brüstle will sich keineswegs damit zufriedengeben, dass er mit den aus menschlichen Embryonen gewonnenen Stammzellen zwar forschen, aber nicht das große Geld verdienen können soll. Wenige Tage nach der Urteilsverkündigung kündigte Brüstle an, gegen die Entscheidung des Bundespatentgerichts »Beschwerde beim Bundesgerichtshof« einzulegen.[11] »Die Entscheidung«, klagte Brüstle im Gespräch mit dem »Bonner Generalanzeiger«, »ignoriere das Stammzellgesetz und die damit verbundenen ethischen Abwägungen des Gesetzgebers.«[12]

Dabei kann das Urteil des Bundespatentgerichts für ihn nicht so überraschend und unverständlich gewesen sein, wie er im Interview mit seiner Heimatzeitung vorgab. Denn vor der Entscheidung der deutschen Patentrichter hatte Brüstle bereits Schiffbruch bei dem Versuch erlitten, sich die mit dem deutschen Patent erworbenen Rechte auf den Europäischen Wirtschaftsraum (EWR) ausdehnen zu lassen. Im August 2004 zwangen die Prüfer des Europäischen Patentamts den deutschen Grundlagenforscher, aus seinem dort gestellten Patentantrag alles zu streichen, was die Nutzung menschlicher Embryonen vorsah.[13] Dabei dürfte Deutschlands »patentester« Stammzellforscher auch mit der Auffassung des Leiters der Behörde konfrontiert worden sein. Denn Alain Pompidou, Sohn eines früheren französischen Staatspräsidenten, hält sämtliche »Patente, die eine vollständige Aneignung von Lebewesen mit sich brächten«, schlicht und einfach für »unakzeptabel«. Das gelte auch für embryonale Stammzellen, die es ohne den Embryo schließlich gar nicht gäbe.[14]

Ob das Forscher-Chamäleon Brüstle die Öffentlichkeit seit Jahren im Unklaren läßt? Die Metamorphosen des Bonner Stammzellforschers, der in kürzester Zeit vom Grundlagenforscher zum Geschäftsführer eines »Inkubators für Industriepartner und Start-ups« mutierte, sind zumindest beachtlich.

---

1 vgl. »Wandlungsfähig wie eine Stammzelle.« Die Tagespost v. 6. 3. 2003.
2 vgl. ARD-Magazin »plusminus«, ausgestrahlt am 24. 2. 2003.
3 ebenda
4 »Gute Nacht Deutschland?« Frankfurter Allgemeine Zeitung v. 18. 8. 2000.
5 »Stammzellforscher erhebt Vorwürfe gegen mb-Chef«. Ärzte Zeitung v. 22. 10. 2004.
6 Patentschrift in der Fassung vom 29.4.1999, dem Veröffentlichungstag der Patenterteilung.
7 vgl. »Greenpeace klagt gegen Brüstle-Patent.« Die Tagespost v. 21. 10. 2004.
8 ebenda
9 vgl. Az. C 12 N 5/06 sowie Pressemitteilung des Bundespatentgerichts v. 5. 12. 2006.
10 »Gericht korrigiert Stammzell-Patent«. Spiegel Online v. 5. 12. 2006.
11 »Enttäuschend und nicht nachvollziehbar.« Bonner Generalanzeiger v. 8. 12. 2006.
12 ebenda
13 vgl. wie Anm. 7.
14 ebenda

»Alles, was ich von der Wissenschaft erwarte, ist, dass sie das Elend des Menschen nicht noch größer macht.«
ERWIN CHARGAFF
»Unbegreifliches Geheimnis«

KAPITEL 9

Vorsicht Krebs

Warum die vermeintliche Stärke embryonaler Stammzellen lebensgefährlich ist

Erwin Chargaff besaß weder Patente noch Illusionen. Doch wer glaubt, der vielleicht letzte große Naturforscher sei deswegen auch schon ein anspruchsloser Zeitgenosse gewesen, der befindet sich auf dem Holzweg. »Alles, was ich von der Wissenschaft erwarte«, bekannte Chargaff einmal, »ist, dass sie das Elend des Menschen nicht noch größer macht.«[1] Mehr lässt sich im Grunde nicht verlangen; jedenfalls nicht von der embryonalen Stammzellforschung.

Glaubt man den einschlägigen wissenschaftlichen Studien, dann besitzen embryonale Stammzellen ein bis zu hundertprozentiges Risiko, zu Tumoren zu entarten. »Alle embryonalen Stammzellen bilden Tumoren aus, wenn sie im undifferenzierten Zustand in ein anderes Umfeld als das der frühen Embryonalentwicklung verpflanzt werden. Daher ist an eine aus diesen Zellen hergestellte Kultur die Bedingung absoluter Reinheit zu stellen, die bislang noch in keinem Ansatz (...) sicher« erreicht wurde, weiß Gisela Badura-Lotter.[2]

Mit diesem Wissen ist sie keineswegs allein. In einer 2003 publizierten Studie haben Wissenschaftler im Tierversuch mit Mäusen feststellen müssen, dass Mäuse, denen aus embryonalen Stammzellen der Maus gezüchtetes Gewebe transplantiert wurde, in nahezu 100 Prozent der Fälle bösartige Tumoren ausbildeten.[3]

Dabei hatten die Forscher des Max-Planck-Instituts für Neurologische Forschung in Köln eigentlich etwas ganz anderes im Sinn. Sie wollten herausfinden, ob sich mit embryonalen Stammzellen Nervenzellen, die bei einem Schlaganfall zugrunde gehen, ersetzen lassen. Dazu lösten die Forscher zunächst bei Ratten einen Schlaganfall aus und transplantierten ihnen anschließend embryonale Stammzellen von Mäusen. Unter dem Kernspintomographen konnten sie beobachten, dass die embryonalen Stammzellen tatsächlich in die Schlaganfallregion hineingewandert waren. Auch ging es den so behandelten Ratten anschließend besser als den unbehandelten Vergleichstieren.

Nach diesem »Erfolg« wandten sich die Forscher nun Mäusen zu. Nachdem sie an Ratten, die bekanntlich deutlich größer sind als Mäuse, ausreichend geübt hatten, wiederholten sie das Experiment nun mit Tieren derselben Spezies, von denen auch die Stammzellen stammten. Diesmal zeigten die Bilder des Kernspintomographen jedoch ein völlig anderes Bild: »Wir waren überrascht und enttäuscht. In allen untersuchten Mäusen war es zur Tumorbildung gekommen«, erläutert Versuchsleiter Matthias Hoehn.[4]

Anstatt wie im Rattenexperiment zur Schlaganfallregion zu wandern, wucherten die embryonalen Maus-Stammzellen nun wild in den Mäusehirnen. »Den Tieren ging es bald sehr schlecht«, berichtete Hoehn. Bereits eine Woche, nachdem die Forscher die embryonalen Maus-Stammzellen in die Gehirne der Schlaganfall-Mäuse gespritzt hatten, hätten sich dort riesige Tumoren gebildet.[5]

Wie einer der Koautoren der Studie in einem Beitrag für das »Deutsche Ärzteblatt« erläutert, handelt es sich dabei »um ein grundsätzliches Problem der homologen Transplantation«.[6] Das heißt: Sobald embryonale Stammzellen innerhalb derselben Spezies transplantiert werden – und genau das wäre ja bei der Therapie mit Menschen vorgesehen –, versagen sämtliche der bislang von der Wissenschaft ins Auge gefassten Kontrollmechanismen. Zugespitzt bedeutet dies, dass die Behandlung von Patienten mit embryonalen Stammzellen, für die menschliche Embryonen getötet werden müssen, nicht zur Heilung, sondern zum Krebs führt.

Besonders pikant: Die Forscher des angesehenen Kölner Max-Planck-Instituts benötigten viel Geduld und Überredungskunst, um überhaupt eine Fachzeitschrift zu überzeugen, ihre Ergebnisse zu veröffentlichen. Nach der Veröffentlichung äußerten andere Stammzellforscher umgehend Zweifel an den Arbeitsmethoden der Kölner Wissenschaftler. Getreu dem Motto: Es kann nicht sein, was nicht sein darf.[7]

Bis heute sind die Ergebnisse nicht widerlegt worden. Im Gegenteil: Ausdrücklich nimmt die Enquete-Kommission »Ethik und Recht der modernen Medizin« des Bundestags in einem Gutachten zum Erlass einer Richtlinie der Europäischen Union zur Festlegung von Qualitäts- und Sicherheitsstandards für die Spende, Beschaffung, Testung, Verarbeitung, Lagerung und Verteilung menschlicher Gewebe und Zellen Bezug auf die Studie.

Dabei kommt sie zu dem Schluss: »Die Gesundheit potenzieller Empfänger von embryonalen Stammzellen oder daraus gewonnenen differenzierten Zellen ist durch das Risiko von Tumorbildungen gefährdet.« Die Bildung »von Teratomen und Teratokarzinomen« sei sogar, so die Enquete-Kommission weiter, »so typisch für embryonale Stammzellen, dass sie als Nachweis des Vorhandenseins embryonaler Stammzellen dienen. (...) So hat eine neuere Studie des Kölner Max-Planck-Instituts für neurologische Forschung und der Universität Köln im Tierversuch die Bildung maligner Tumoren in 75 bis 100 Prozent der Fälle beobachtet, wenn embryonale Stammzellen der Maus oder daraus abgeleitete Vorläuferzellen in Mäuse transplantiert wurden. Dies begründet gravierende Bedenken gegen die Anwendung humaner embryonaler Stammzellen oder daraus abgeleiteter Zellen am Menschen.«[8]

Dass die Transplantation embryonaler Stammzellen zu Krebs führt, ist auch Ergebnis einer weiteren wissenschaftlichen Studie. Auf der Suche nach einer Therapie gegen Morbus Parkinson war es Wissenschaftlern des Rochester Medical Center in New York zunächst gelungen, menschliche embryonale Stammzellen in Rattenhirne zu transplantieren und die Tiere auf diese Weise von zuvor erzeugten motorischen Schäden zu befreien. Doch nach einiger Zeit teilten sich auch die neu transplantierten Zellen und wiesen, wie die anschließende Obduktion der getöteten Tiere zeigte, dabei deutliche Symptome der Entartung auf. Der Misserfolg des Experiments war so dramatisch, dass die Forscher im November 2006 in der Fachzeitschrift »Nature Medicine« davor warnten, Zelltransplantate, die aus embryonalen Stammzellen gewonnen wurden, bei Parkinson-Patienten zum Einsatz zu bringen.

Der Arzt und CDU-Europaabgeordnete Peter Liese erblickt in der krebsartigen Entartung embryonaler Stammzellen »das größte Problem dieser Technik«: »Für die Forschung im Labor ist es vorteilhaft, wenn sich die Zellen schnell teilen. Daher sind embryonale Stammzellen bei vielen Forschern so beliebt«, sagt Liese. Aber für die Patienten seien diese Zellen »sehr gefährlich«.[9] Denn einmal transplantiert, lassen sich die Zellen nicht zurückholen. Dass es irgendwann eine Therapie mit embryonalen Stammzellen geben werde, glaubt Liese daher nicht. »Die Abstoßungsreaktionen kann man durch Experimente (...) in den Griff bekommen, das Problem der krebsartigen Entartung aber nicht«, ist sich der promovierte Humangenetiker sicher.[10]

Die Deutsche Forschungsgemeinschaft (DFG) ist sich des Problems zumindest bewusst. In ihrer von niemandem angeforderten Stellungnahme »Stammzellforschung in Deutschland – Möglichkeiten und Perspektiven« vom Oktober 2006 wird das »Phänomen« nicht geleugnet: »Die Entstehung von Teratomen beziehungsweise Teratokarzinomen stellt eines der Hauptrisiken der Transplantation ES-zellabgeleiteter somatischer Zellen dar. Bereits eine geringfügige Verunreinigung ES-zellabgeleiteter gewebespezifischer Vorläuferzellen mit undifferenzierten ES-Zellen kann nach Transplantation zur Tumorentstehung führen.«[11] Da der Zweck der Stellungnahme jedoch darin besteht, die Abschaffung des Stichtags für den Import embryonaler Stammzellen zu erreichen, wird diese Erkenntnis heruntergespielt. So heißt es zum Beispiel: »Ursächlich« könnten »während der Langzeitkultivierung erworbene genetische Aberrationen sein«. Und: »Für therapeutische Transplantate sind deshalb stringente Differenzierungs- und Selektionsprotokolle erforderlich, die zu einer Elimination potenziell tumorigener undifferenzierter ES-Zellen in den Spenderzellpopulationen führen.«[12]

Damit wird der Eindruck erweckt, als handele es sich bei der Entartung embryonaler Stammzellen vorrangig um ein technisches Problem, das sich durch größere Sorgfalt in den Griff bekommen ließe. In Wirklichkeit handelt es sich um ein strukturelles Problem. Dafür spricht nicht nur, dass es in anderen Ländern – an die Deutschland nach DFG-Angaben durch seine restriktive Gesetzgebung den Anschluss zu verlieren droht – noch keine klinischen Studien mit embryonalen Stammzellen des Menschen gibt, sondern auch ein Satz in der Stellungnahme selbst: Embryonale Stammzellen haben, heißt es dort, »das natürliche Bestreben«, sich »in frühe embryonale Gewebe weiterzuentwickeln«.[13] Nur läuft dieser Prozess außerhalb ihres natürlichen Umfelds, das heißt außerhalb des Embryos, eben »unkontrolliert« ab. Mit anderen Worten: Wird der Embryo zerstört, »rächen« sich gewissermaßen seine Stammzellen. Anstatt sich, wie im natürlichen Umfeld, geordnet in die unterschiedlichen Gewebetypen zu differenzieren, entarten die embryonalen Stammzellen im unnatürlichen Umfeld der Laborschale. Was die embryonalen Stammzellen für die Forscher in ihrem natürlichen Umfeld so begehrenswert macht, lässt sie, aus diesem isoliert, für die Patienten lebensbedrohlich werden.

Die Krebsgefahr dürfte auch der Hauptgrund dafür sein, dass bislang – unabhängig von den gesetzlichen Regelungen und dem Verlauf der ethischen Debatten – an keinem Ort der Welt embryonale Stammzellen auf Menschen übertragen wurden.

Indirekt verdeutlicht dies auch der »Zweite Erfahrungsbericht der Bundesregierung über die Durchführung des Stammzellgesetzes«. Darin heißt es: »Die Anwendung humaner ES-Zellen am Menschen wird zum gegenwärtigen Wissens- und Entwicklungsstand als risikobehaftet angesehen. Trotz des Tumorrisikos, der möglichen Kontamination mit tierischen Pathogenen und immunologischer Probleme plant die US-Firma Geron eine erste klinische Studie mit aus humanen ES-Zellen abgeleiteten Nervenzellen zur Therapie von Rückenmarksverletzungen für das Jahr 2007.«[14] Mit der Bezeichnung humane ES-Zellen werden in der Fachliteratur embryonale Stammzellen des Menschen abgekürzt. Das ist nicht nur kürzer, sondern klingt natürlich auch viel besser als etwa »aus getöteten menschlichen Embryonen gewonnene Stammzellen«.

Was Geron betrifft, so muss man wissen, dass das börsenotierte Unternehmen mit einer gewissen Regelmäßigkeit klinische Studien mit embryonalen Stammzellen ankündigt, ohne diese anschließend in die Tat umzusetzen. Das dürfte in diesem Fall allerdings nicht nur dem Kurs der Aktie, sondern auch den potenziellen Teilnehmern einer solchen Studie zugutekommen. Daher mutet die kaum verhohlene Begeisterung des Berichts der Bundesregierung zumindest merkwürdig an, wenn es weiter heißt: »Die Firma Geron, die schon die Isolation der ersten humanen ES-Zellen finanziell unterstützt hat, diskutiert ein entsprechendes Gesuch mit der zuständigen US Food and Drug Administration (FDA). Als erste Studie weltweit mit humanen ES-Zellen hätte eine solche Studie Pilotcharakter, insbesondere in der Festlegung von Sicherheitsstandards für die Patienten.«[15]

Aufgeben wollen die embryonalen Stammzellforscher jedenfalls nicht. Statt sich auf die ethisch unbedenkliche und wissenschaftlich ertragreichere Forschung mit adulten Stammzellen zu verlegen, basteln sie an Gegenstrategien. Eine von ihnen besteht darin, embryonale Stammzellen vor der Transplantation im Labor in Vorläuferzellen des zu behandelnden Gewebes zu differenzieren. Denn je spezialisierter die Zellen sind, desto weniger rasch teilen sie sich, was die Tumorgefahr verringern könnte. »Es bleibt aber ein Restrisiko«, meint Matthias Hoehn. Seine Begründung: »Auch bei der Spezialisierung können einzelne embryonale Stammzellen übrig bleiben, ohne sich weiter zu entwickeln.«[16]

Deshalb wollen andere Forscher Stammzellen mit so genannten Suizid-Genen bestücken. Für den Fall, dass die Stammzellen zu entarten beginnen, werden die Suizid-Gene aktiviert und sorgen dann dafür, dass die transplantierten Zellen »Selbstmord« begehen. Das Verfahren wird seit nahezu 20 Jahren in der Krebsforschung erprobt.[17] Mittlerweile sei man so weit, die Aktivierung von Suizid-Genen von außen steuern zu können, versichert Arndt Rolfs, Leiter des Neurobiologischen Labors der Universität Rostock. Durch eine Substanz, die der Patient wie ein Medikament einnehme, lasse sich die Aktivität des in die Stammzellen eingeschleusten Gens beeinflussen.[18]

Man darf sich diese Vorstellung einmal auf den Nervenzellen zergehen lassen: Patienten, bei denen wichtiges Hirngewebe zerstört wurde, erhalten neues, aus den Stammzellen getöteter Embryonen gezüchtetes Gewebe transplantiert, bei dem das Selbstmordkommando gleich mit eingebaut wurde. Sollten die transplantierten Zellen wider Erwarten nicht entarten, werden sie schon bald aus denselben Gründen absterben, aus denen die zu ersetzenden Zellen zugrunde gegangen sind. Denn das Transplantat heilt natürlich nicht die Ursache der Krankheit, sondern mildert – und auch das gilt keineswegs als sicher – allenfalls ihre Symptome. Entarten die transplantierten Zellen aber, gehen sie zugrunde. Freilich nur dann, wenn die Killer-Gene ihr Handwerk auch tatsächlich verstehen. Nun gibt es weder Heilung noch Linderung.

Sollten Sie, liebe Leser, sich bei dem Gedanken ertappen, dem einen oder anderen Stammzellforscher sanft auf die Stirn tippen und »Hallo, jemand zu Hause?« fragen zu wollen, trösten Sie sich. Sie sind nicht allein. Denn es scheint, als gelte für die embryonale Stammzellforschung unbedingt, was Chargaff noch viel allgemeiner formulierte: »In mancher

Beziehung könnte man sagen, dass die Naturwissenschaften ihre endgültige Grenze erreicht haben, wenn sie ihres eigentlichen Sinnes nicht mehr eingedenk, in blinder Automatik zu wühlen fortfahren, (...). Es kommt dann ein Zeitpunkt, da man den Eindruck gewinnt, dass die Wissenschaften nur zwecks der Ernährung der Wissenschaftler weiterexistieren. Ursprünglich war es wahrscheinlich umgekehrt.«[19]

---

1 Chargaff, Erwin: Unbegreifliches Geheimnis. Wissenschaft als Kampf für und gegen die Natur. 2. Aufl., Stuttgart 1981. S. 88.

2 Badura-Lotter, Gisela: Forschung an embryonalen Stammzellen. Zwischen biomedizinischer Ambition und ethischer Reflexion. Frankfurt a. Main 2005. S. 139.

3 vgl. Erdö, Franciska et al.: Journal of Cerebral Blood Flow and Metabolism (2003) Nr. 23. S. 780–785.

4 vgl. »Tumoren aus Stammzellen.« wdr.de v. 4. 11. 2003. http://www.wdr.de/online/stammzellen/aktuell/tumore_aus_stammzellen.phtml

5 ebenda

6 Hossmann, Konstantin-A.: Tumorrisiko embryonaler Stammzellen. In: Deutsches Ärzteblatt, Jahrgang 100, Heft 42. A 2730.

7 vgl. wie Anm. 4.

8 vgl. Gutachtliche Stellungnahme der Enquete-Kommission »Ethik und Recht der modernen Medizin« des Deutschen Bundestags v. 3. 11. 2003 (8. Sitzung) zum Erlass einer Richtlinie des Europäischen Parlaments und des Rates zur Festlegung von Qualitäts- und Sicherheitsstandards für die Spende, Beschaffung, Testung, Verarbeitung, Lagerung und Verteilung von menschlichen Geweben und Zellen (Interinstitutionelles Dossier 2002/0128) S. 14. http://ec.europa.eu/research/biosociety/pdf/german_statement_modern_medicine.pdf.

9 »Eher wird ein Baby geklont, als ein Kranker geheilt.« Frankfurter Allgemeine Zeitung v. 24. 4. 2006.

10 ebenda

11 Stammzellforschung in Deutschland – Möglichkeiten und Perspektiven. Stellungnahme der Deutschen Forschungsgemeinschaft. Bonn 2006. S. 34.

12 ebenda

13 ebenda S. 33.

14 Zweiter Erfahrungsbericht der Bundesregierung über die Durchführung des Stammzellgesetzes. S. 11.

15 ebenda

16 wie Anm. 4.

17 vgl. Fillat, Cristina et al.: Suicide gene therapy mediated by the Herpes Simplex virus thymidine kinase gene/Ganciclovir system: fifteen years of application. Current Gene Thearapy (2003) Nr. 1. S. 13–26.

18 vgl. »Stammzellen – Doppelt hält besser.« Financial Times Deutschland v. 7. 8. 2002.

19 vgl. wie Anm. 1. S. 81.

»Die Nichtzusammenarbeit mit dem Schlechten gehört ebenso zu unseren Pflichten, wie die Zusammenarbeit mit dem Guten.«

MAHATMA GANDHI

KAPITEL 10

Ethisch fährt am besten

Was adulte Stammzellen alles können und warum die Forschung sich darauf konzentrieren sollte

Manchmal ist weniger tatsächlich mehr. Anders als die embryonalen Stammzellen gelten die adulten Stammzellen zwar nicht als »Alleskönner«, doch sind es gerade ihre begrenzten Fähigkeiten, welche die körpereigenen Stammzellen für den Einsatz in der Medizin besonders geeignet erscheinen lassen. Ein Umstand, der eigentlich nicht sonderlich überraschen dürfte. Denn während sich embryonale Stammzellen im Laufe einer ungestörten Embryonalentwicklung in alle Gewebetypen des Menschen differenzieren und so seinen Organismus aufbauen, fungieren adulte Stammzellen gewissermaßen als »Reparaturtruppen«. Zeitlebens im Organismus vorhanden, regenerieren sie tagtäglich die unterschiedlichsten Organe. Gehen etwa bei Hautverletzungen oder bei Knochenbrüchen Zellen zugrunde, wandern adulte Stammzellen aus nahe gelegenen »Depots« in die betreffende Region ein, verwandeln sich in gewebespezifische Zellen und übernehmen die Funktion der zerstörten Zellen.

Auf einigen Gebieten der Medizin werden adulte Stammzellen, die auch »somatische«, »postnatale« oder »körpereigene« Stammzellen genannt werden, längst erfolgreich eingesetzt. Bereits seit vier Jahrzehnten finden in der Therapie von Blutkrankheiten wie Leukämie und Lymphome sowie bei Anämien und Immundefekten adulte Stammzellen Verwendung.[1] Dabei werden Patienten sowohl mit eigenen Stammzellen als auch mit den adulten Stammzellen passender Fremdspender behandelt. Im Jahr 2005 bekamen allein in Deutschland 2600 Patienten im Rahmen einer Stammzelltherapie eigene Stammzellen transplantiert (autologe Transplantation). 1800 Patienten erhielten Stammzellen von einem fremden Spender (allogene Transplantation).[2]

Im Frühjahr 2007 meldeten Forscher der Universität Düsseldorf erstmals bei der Behandlung von Leberkrebs Erfolge mit adulten Stammzellen. Wie der stellvertretende Direktor des Instituts für Diagnostische Radiologie Günther Fürst und seine Mitarbeiter in der Fachzeitschrift »Radiology« schreiben, seien vier von sechs Patienten, die im Anschluss an die Diagnose mit adulten Stammzellen behandelt worden waren, über einen Zeitraum von bis zu drei Jahren beobachtet worden und frei von Tumoren geblieben. Einer habe einen Rückfall erlitten, ein weiterer sei an einer Lungenerkrankung gestorben. Der Hintergrund: Schnell wuchernde Lebertumoren können häufig nicht sofort herausoperiert werden, da die Leber bei diesem Eingriff zu stark dezimiert würde. An der Studie nahmen dem Beitrag zufolge 13 Krebspatienten teil, die aus diesem Grund zunächst nicht operiert werden konnten. Um sie operationsfähig zu machen, griffen die behandelnden Ärzte auf ein gängiges Verfahren zurück und verminderten bei allen Patienten die Blutzufuhr zum erkrankten Gewebe. Sechs der 13 Patienten injizierten die Düsseldorfer Forscher dann zusätzlich adulte Stammzellen in die Leber, die sie zuvor aus dem körpereigenen Knochenmark der Patienten gewonnen hatten. Das Ergebnis: Bei den mit adulten Stammzellen behandelten Probanden wuchs die Leber doppelt so rasch wie in der Vergleichsgruppe; sie konnten durchschnittlich 18 Tage früher operiert werden.[3]

In Innsbruck behandelt der Urologe Hannes Strasser auch Inkontinenz mit adulten Stammzellen. Von den mehr als 270 Patienten, die Strasser und seine Kollegen seit September 2002 therapierten, konnten 93 Prozent der Frauen und 73 Prozent der Männer geheilt werden.[4] Bei dem Verfahren wird den Patienten unter lokaler Betäubung zunächst Muskelgewebe aus dem Oberarm entnommen. Im Labor werden die darin enthaltenen Stammzellen isoliert und sechs bis sieben Wochen lang vermehrt. Ist die Zellzahl ausreichend, werden die Patienten in die Klinik gebeten. Unter Ultraschallansicht applizieren die Ärzte ihnen die aufbereiteten Stammzellen mit Hilfe eines speziell entwickelten Injektionsgeräts in den Schließmuskel und das Bindegewebe der Harnröhre.[5] Laut Strasser konnte die gesamte Therapie bei allen Patienten ohne Zwischenfälle durchgeführt werden. Auch im Nachhinein hätten sich bislang keine Komplikationen ergeben: »Es traten bisher keine Drangbeschwerden oder Schmerzen auf. Die Bestimmung der Entzündungsparameter ergab, dass postoperativ keine Entzündungen zu beobachten waren«.[6] Die gute Verträglichkeit der Therapie führt der Urologe darauf zurück, dass der Einriff minimal-invasiv sei und nur körpereigene Zellen zum Einsatz kämen. Daher bestehe auch keine Altersbegrenzung. »Wir behandeln Patienten zwischen 35 und 85 Jahren«, sagt Strasser.[7] Dass auch andere das innovative Verfahren als Erfolg betrachten, zeigt die Tatsache, dass in Österreich die Krankenkassen bereits die Kosten für diese Therapie (derzeit rund 12 000 Euro) übernehmen, und mit dem »Münchner Klinikum rechts der Isar« sowie Zentren in der Schweiz nun auch andere Krankenhäuser das Verfahren eingeführt haben.[8]

Im Oktober 2006 überraschten Forscher aus Mannheim mit Erfolgen bei der Behandlung von Herzinfarkten mit adulten Stammzellen, die sie zuvor aus dem Knochenmark der Patienten gewonnen hatten. In Kooperation mit 16 weiteren Herzzentren hatten die Forscher der I. Medizinischen Universitätsklinik Mannheim in einer Studie untersucht, ob sich die Funktion des Herzens nach einem Herzinfarkt mit Hilfe einer Stammzelltherapie verbessern lasse. Die Studienergebnisse publizierten die Forscher anschließend im renommierten »New England Journal of Medicine«.[9] »Die Ergebnisse sind ermutigend«, erläutert Tim Süselbeck, Mitautor der Studie und Oberarzt an der Mannheimer Uniklinik.[10] Sein Fazit: »Die in dieser Form weltweit erste Studie zeigt, dass die Herzfunktion nach einem Infarkt durch eine Infusion von Stammzellen, die aus dem Knochenmark gewonnen wurden, verbessert werden konnte.«[11] Damit biete die Stammzelltherapie Ärzten ganz neue Perspektiven. Denn die heute zur Verfügung stehenden Medikamente ermöglichten eigentlich nur eine Art Schadensbegrenzung. Bei der Therapie mit adulten Stammzellen bestehe dagegen die begründete Hoffnung auf eine mehr oder weniger ausgeprägte echte Regeneration der Herzfunktion.

Für diese Studie wurden bei 200 Patienten aus dem körpereigenen Knochenmark Stammzellen gewonnen. Nach drei bis sechs Tagen konnten ihnen die im Labor aufbereiteten Zellen über einen Herzkatheter appliziert werden. Innerhalb von vier Monaten wurde die Herzleistung durchschnittlich um 5,5 Prozent gesteigert. In der Kontrollgruppe, die auf herkömmliche Weise behandelt worden war, betrug die Steigerung lediglich 3 Prozent.

Am meisten profitierten laut der Studie Patienten von dem neuen Verfahren, die einen besonders schweren Infarkt erlitten hatten. Ein weiteres wichtiges Ergebnis: Die Therapie dürfe nicht zu früh durchgeführt werden. So zeigten die Stammzelltherapien dann keinen signifikanten Effekt, wenn die adulten Stammzellen den Patienten innerhalb von vier Tagen nach einem Herzinfarkt zugeführt wurden. Auf welche Weise die Stammzelltherapie in die Umbauprozesse des Herzens eingreift, sei noch weitgehend ungeklärt. Die gemachten Untersuchungen würden jedoch darauf hindeuten, dass sie die Durchblutung des Herzens verbessern, indem sie neue Blutgefäße bilden.

Bei einem Herzinfarkt wird Herzmuskelgewebe infolge verminderter Blut- und damit Sauerstoffversorgung geschädigt. Die Ursache dafür ist ein Verschluss der Herzkranzgefäße. Insgesamt erleiden in Deutschland jährlich fast 300 000 Menschen einen Herzinfarkt. Die Zahl der tödlichen Herzinfarkte liegt bei etwa 85 000 pro Jahr.[12]

Seit 1989 werden auch Stammzellen des Nabelschnurbluts zur Behandlung seltener Immunerkrankungen eingesetzt. Dies geschieht allerdings in manchen Ländern nur dann, wenn für die Patienten keine passenden Blut- oder Knochenmarkstammzellspender zur Verfügung stehen. Als Voraussetzung für eine passende Spende gilt, dass bestimmte gewebespezifische Faktoren bei Spender und Empfänger übereinstimmen müssen, da das Transplantat andernfalls vom Immunsystem des Empfängers als fremd erkannt und abgestoßen wird. Findet sich unter diesen Vorraussetzungen kein passender Spender für einen Patienten, dann verwenden auch in Deutschland Ärzte Stammzellen, die aus dem Nabelschnurblut des Patienten gewonnen werden.[13]

In Deutschland wird Nabelschnurblut mittlerweile in fünf

öffentlichen Banken an den Standorten München, Düsseldorf, Mannheim, Freiburg und Dresden aufbewahrt. Da für eine Transplantation eine minimale Zelldosis von 1,5 x 10^7 pro Kilogramm Körpergewicht erforderlich ist, werden bislang vor allem Kinder mit diesen Stammzellen behandelt. Beim Deutschen Register für Stammzelltransplantationen wurden von 1998 bis 2005 nur 43 Transplantationen mit Stammzellen aus Nabelschnurblut gemeldet. [14] Weltweit sind laut der medizinischen Fachzeitschrift »The Lancet« seit 1989 jedoch bereits über 7000 Transplantationen von Stammzellen durchgeführt worden, die aus Nabelschnurblut isoliert wurden.[15]

Laut dem Vorsitzenden der Arbeitsgruppe Bioethik der christdemokratisch-konservativen EVP-ED-Fraktion im Europäischen Parlament, Peter Liese (CDU), sind mit adulten Stammzellen bislang insgesamt 65 Erkrankungen bei Menschen »mit mehr oder weniger großem Erfolg« behandelt worden. Auf diesem Weg müsse man weitergehen.[16] Das sieht auch der CDU-Bundestagsabgeordnete Hubert Hüppe so: Während »mit hoher Wahrscheinlichkeit davon ausgegangen werden kann, dass sich humane embryonale Stammzellen in den nächsten zwölf Jahren nicht als zugelassene Therapie in der Medizin etablieren werden«, würden adulte Stammzellen in der Praxis »bereits erfolgreich als Ersatzteillager genutzt.«[17]

Tatsächlich wächst das von den Forschern ins Auge gefasste Anwendungsfeld immer weiter. So wird der Einsatz adulter Stammzellen derzeit außer bei der Behandlung von Herzinfarkten auch bei Therapien für Brustkrebs, rheumatoider Arthritis, Multipler Sklerose, Morbus Crohn sowie Hornhautdefekten in klinischen Studien erprobt.[18]

Auch die zu Beginn der Debatte um die Forschung mit embryonalen Stammzellen vorgebrachte Behauptung, adulte

Stammzellen ließen sich nur in solche Gewebezellen umwandeln, in denen sie im Körper beheimatet seien, ist mittlerweile in Tierversuchen vielfach widerlegt worden. Im Februar 2005 gelang es Forschern der Rheinisch-Westfälischen Technischen Universität Aachen (RWTH), neurale Stammzellen so umzuprogrammieren, dass sich aus ihnen Blutzellen entwickelten.[19] Nur einen Monat später wurden diese Ergebnisse von Forschern aus den USA untermauert. Den Wissenschaftlern der Universität Stanford gelang es, adulte Stammzellen aus dem Hirngewebe von Mäusen mittels eines komplexen Chemiecocktails so zu verändern, dass sie nach der Injektion in die Leber von Mäusen dort mit steigender Glukose-Konzentration Insulin produzierten. Allerdings reichte die dabei produzierte Menge nicht aus, um Patienten, die an Typ-1-Diabetes leiden, bereits Hoffnungen auf Heilung machen zu können.[20]

Als weiteres gravierendes Problem stellen vor allem die Befürworter der embryonalen Stammzellforschung die Vermehrung von adulten Stammzellen dar. Während embryonale Stammzellen sich praktisch unbegrenzt vermehren könnten, treffe dies für adulte Stammzellen nicht zu. Ein weiterer Irrtum: Im Juli 2005 wiesen Forscher des Children's Hospital in Pittsburgh nach, dass adulte Stammzellen dieselbe Fähigkeit zur Multiplikation wie embryonale Stammzellen haben.[21] »In der Forschung ging man davon aus, dass postnatale Stammzellen schneller altern und viel früher sterben als embryonale Stammzellen.

Doch unsere Forschungsergebnisse beweisen, dass dies nicht der Fall ist«, erklärte Studienleiter Johnny Huard, Direktor der Abteilung »Growth and Development« des Kinderkrankenhauses. »Die ganze Welt verfolgt gespannt die Entwicklungen auf dem Gebiet der Stammzellforschung, in der

Hoffnung, dass damit von Diabetes bis Parkinson alles heilbar wird«, so der Experte. Da es jedoch auch eine Vielzahl ethischer Bedenken im Umgang mit embryonalen Stammzellen gebe, komme es immer wieder zu aufflammenden Diskussionen. »Diese Bedenken können durch die Verwendung von adulten Stammzellen ausgeräumt werden«, so Huard. [22] Ihre Ergebnisse veröffentlichten die Forscher in der angesehenen Fachzeitschrift »Molecular Biology of the Cell«.

Die DFG scheint all dies nicht zur Kenntnis nehmen zu wollen. In dem Bericht, mit dem sie die Abschaffung der Stichtagsregelung für den Import embryonaler Stammzellen fordert, heißt es: »Es wurde allerdings auch deutlich, dass adulte Stammzellen, im Gegensatz zu HES-Zellen, nur ein eingeschränktes Potenzial zu Vermehrung und Ausdifferenzierung in unterschiedliche Gewebetypen besitzen. Darüber hinaus bleibt unklar, ob die Probleme zur Gewinnung von bestimmten Typen adulter Stammzellen gelöst werden können. (...) Hoffnungen auf funktionelle Gleichwertigkeit beider Zelltypen haben sich entgegen den Erwartungen von 2001 bisher nicht erfüllt.«[23]

Angesichts der Fortschritte, die auf dem Feld der adulten Stammzellforschung gemacht wurden, und den Gefahren, die mit der embryonalen Stammzellforschung verbunden sind, erstaunt diese Einlassung zunächst ungemein. Nachvollziehbar wird sie erst, wenn man die Lektüre fortsetzt. Bereits eine Seite weiter weist die DFG völlig ungeniert darauf hin, dass im siebten Forschungsrahmenprogramm der Europäischen Union »mit über 50 Millionen Euro Arbeiten zu humanen embryonalen Stammzellen gefördert werden«. »Dabei können«, so die DFG weiter, »alle vorliegenden Linien eingesetzt werden, also auch solche, die nach dem 1. Januar 2002 etabliert wurden. Somit würden deutsche Forscher, bliebe es bei der restriktiven Gesetzeslage, definitiv von zahlreichen Projekten des siebten Rahmenprogramms der EU, das auch mit Mitteln aus Deutschland finanziert wird, ausgeschlossen werden.«[24]

Der Verdacht, dass die DFG eine Änderung des Stammzellgesetzes vor allem deshalb fordert, damit deutsche Forscher die Möglichkeit erhalten, möglichst viel vom bevorstehenden europäischen Geldregen einzusammeln, drängt sich auf. Trifft er zu, dann verbietet es sich natürlich, die ethisch unproblematische adulte Stammzellforschung als die therapeutisch bessere Alternative darzustellen. Gefordert ist in diesem Fall vielmehr das Gegenteil: Die adulte Stammzellforschung müsste vielmehr möglichst abwertend beschrieben werden. In etwa so, wie es die Autoren des DFG-Berichts vorexerzieren.

Dass die adulte Stammzellforschung dennoch einen wahren Boom erlebt, dürfte auch damit zusammenhängen, dass sie in den zurückliegenden Jahren in immer neuen Organen nachgewiesen werden konnten.

Während die Stammzellen im Blut und im Knochenmark schon länger bekannt waren, sind andere Quellen erst in den letzten Jahren entdeckt worden. »Insgesamt kennen wir zur Zeit etwa 20 Körperorgane, aus denen Stammzellen, die der Regeneration und dem Zellersatz bei Gewebedefekten dienen, teilweise mit großer Reinheit isoliert werden können«, erläuterte der Zellbiologe Volker Herzog auf einem unter der Überschrift »Heilmittel Embryo?« veranstalteten Symposiums des »Instituts für medizinische Anthropologie und Bioethik« (IMABE) in Innsbruck.[25] Laut Herzog besitzen adulte Stammzellen gegenüber den embryonalen Stammzellen »unerreichbare Vorzüge«: »Erstens« entfalle, so der Wissenschaftler, »bei der Forschung mit adulten Stammzellen die Tötung von menschlichen Embryonen«. Zweitens gingen »nach bisheriger Kenntnis und jahrzehntelanger Erfahrung mit adulten menschlichen Stammzellen keine Teratome und Terakarzinome hervor«. Schließlich seien Abstoßungsreaktionen bei der Transplantation von körpereigenen Stammzellen »von vorneherein ausgeschlossen«.[26]

Dagegen befinde sich »die Forschung mit menschlichen embryonalen Stammzellen« im »Experimentalstadium«. Therapeutische Erfolge seien »höchst ungewiss«. Entsprechend seien die »propagierten Aussichten auf wirtschaftlichen Gewinn aus der Embryonennutzung auf absehbare Zeit hin offensichtlich unbegründet«.[27] Der Zellbiologe fordert daher, die »finanziellen und wissenschaftlichen Ressourcen auf die Erforschung adulter menschlicher Stammzellen stärker als bisher« zu konzentrieren: »Diese Forschungsrichtung ist ethisch unbedenklich. Wissenschaftspolitiker sollten den Mut haben, langfristig in diese Forschungsrichtung zu investieren.«[28]

Das »wichtigste Argument gegen die Nutzung menschlicher Embryonen« sei jedoch, so Herzog, »die damit verbundene Tötung ungeborenen Lebens. Hier stoßen die für unsere Kultur fundamental wichtige Freiheit in der Wissenschaft und die Befriedigung der Neugier des Wissenschaftlers an ethische Grenzen. Wissenschaftler sollten deshalb auf die Forschung mit menschlichen Embryonen verzichten. Unsere Gesellschaft sollte darüber hinaus den Mut haben, vermeintlichen wirtschaftlichen Gewinnerwartungen aus der Forschung mit menschlichen embryonalen Stammzellen zu widerstehen«.[29]

Andernfalls müsste sie sich auf Forderungen nach einer weitgehenden »Liberalisierung der gesetzlichen Grundlagen« einrichten, da »in Zukunft ständig neue Stammzell-Linien erforderlich sein werden«. Darüber hinaus werde aus der Forschung mit embryonalen Stammzellen »unweigerlich« die »Klonierung des Menschen resultieren«.[30]

Warum das so ist, und welches andere Konzept sich dahinter höchstwahrscheinlich noch verbirgt, behandelt das nächste Kapitel.

---

1 vgl. »Stand der Forschung und Potenziale von embryonalen und adulten Stammzellen«, Ausarbeitung der Wissenschaftlichen Dienste des Deutschen Bundestags WD 8 – 203/06 vom 17. 1. 2007. S. 5.
2 vgl. ebenda
3 vgl. Fürst, Günther et al.: Portal Vein Embolization and Autologous CD 133[+] Bone Marrow Stem Cells für Liver Regeneration: Intitial Experience. Radiology (2007) Nr. 243 S. 171–179.
4 vgl. »Mit Zellen aus dem Arm lässt sich Belastungsinkontinenz überwinden.« Ärzte Zeitung v. 11. 9. 2006.
5 Strasser, Hannes: Adulte Stammzellen: Eine berechtigte Hoffnung? In: Imago Hominis, Bd. 12, Heft 2 S. 95–98.
6 ebenda S. 97 f.
7 vgl. wie Anm. 4.
8 vgl. wie Anm. 1, S. 6.
9 vgl. Schächinger, Volker et al.: Intracoronary Bone Marrow-Derived Progenitor Cells in Acute Myocardial Infarction. New England Journal of Medicine (2006) Vol. 355, Nr. 12. S. 1210–1221.
10 vgl. Pressemitteilung des Universitätsklinikums Mannheim v. 24. 10. 2006.
11 ebenda
12 ebenda
13 vgl. wie Anm. 1, S. 8.
14 ebenda S. 8 f.
15 vgl. »Umbilical cord blood banking Richard Branson's way« (Editorial). The Lancet (2007) Vol. 369, Issue 9560. S. 437.
16 vgl. Pressemitteilung des Internationalen Kolpingwerks v. 15. 2. 2007.
17 vgl. »Zerplatzt der Traum?« Hamburger Abendblatt v. 12. 1. 2007.
18 vgl. wie Anm. 1, S. 6 ff.
19 vgl. Lochner, Matthias: Die Zukunft gehört adulten Stammzellen. In: Lebensforum (2005) Nr. 75. S. 16–20. Hier S. 18.
20 ebenda S. 18 f.
21 Deasy, Bridget M. et al.: Long-Term Self-Renewal of Postnatal Muscle-derived Stem Cells. Molecular Biology of the Cell. (2005) Vol. 16, S. 3323 bis 3333.
22 Pressemitteilung des Children's Hospital of Pittsburgh v. 23. 7. 2005.
23 Stammzellforschung in Deutschland – Möglichkeiten und Perspektiven. Stellungnahme der Deutschen Forschungsgemeinschaft. Bonn 2006. S. 5.
24 ebenda S. 6.
25 vgl. Herzog, Volker: Forschung am Puls des Lebens. Der Wissenschaftler

zwischen Neugier und ethischer Selbstbeschränkung. In: Imago Hominis. Bd. 12, Heft 2. S. 83–93. Hier S. 91.

26 ebenda

27 ebenda S. 92.

28 ebenda

29 ebenda

30 ebenda

*»So werden die Maße der Technik immer feiner
und die des Geistes immer gröber.«*
BOTHO STRAUSS
»Wollt Ihr das totale Engineering?«

KAPITEL 11

Der geklonte Mensch

Warum das Klonen von Menschen die logische Folge der Forschung mit embryonalen Stammzellen ist

Große Revolutionen beginnen bisweilen mit außergewöhnlichen Zeugungen und Geburten. Die nachhaltigste Revolution der Weltgeschichte liegt mehr als 2000 Jahre zurück und bestimmt bis heute weit mehr als nur unsere Zeitrechnung. Damals gebar in einem Stall in Bethlehem eine Jungfrau namens Maria einen Sohn, dem sie den Namen Jesus gab.[1]

Eine gänzlich andere, wohl auch bedeutsame Revolution fand am 25. Juli 1978 statt. An diesem Tag brachte Lesley Brown im Royal Oldham Hospital nahe Manchester kurz vor Mitternacht das erste im Reagenzglas erzeugte Kind auf die Welt: ein Mädchen, das den Namen Louise erhielt. Was auf den ersten Blick wie eine rein private Angelegenheit aussieht, beeinflusst unsere Gegenwart und unsere Zukunft weit nachhaltiger, als manche Menschen ahnen und mit Sicherheit weit mehr, als den meisten lieb sein dürfte. Da uns Louise gegen Ende des Buches noch einmal begegnen wird, genügt es an dieser Stelle festzuhalten, dass es ohne künstliche Befruchtung auch keine embryonale Stammzellforschung gäbe. Denn bekanntermaßen werden embryonale Stammzellen aus verwaisten Embryonen gewonnen, die ursprünglich zum Zweck einer künstlichen Befruchtung erzeugt worden waren.

Es gibt noch eine dritte große Revolution, an deren Beginn eine außergewöhnliche Zeugung stand. Am 5. Juli 1996 wurde in einem Stall bei Edinburgh ein Schaf geboren, das ein Team von Wissenschaftlern des Roslin-Instituts um Ian Wilmut und Keith Campbell erzeugt hatte. Anders als bei den bereits genannten Revolutionen wurde der Welt die Existenz des außergewöhnlichen Wesens jedoch nicht auf der Stelle und schon gar nicht durch einen Engel verkündet, sondern erst sehr viel später und durch einen Artikel, den seine Schöpfer am 27. Februar 1997 im Wissenschaftsmagazin »Nature« publizierten.[2] Genau genommen erfuhr die Welt bereits vier Tage früher von dem Ereignis, da sich die britische Zeitung »The Guardian« nicht an die Sperrfrist hielt.[3]

Wie revolutionär die Tat war, lässt sich unter anderem aus der Einordnung ersehen, die ihr die angesehene New Yorker Wissenschaftsjournalistin Gina Kolata zuteil werden ließ: »Wenn eines Tages die Geschichte unserer Zeit geschrieben wird, dann wird man dieser stillen Geburt, der Erzeugung dieses weißen Lammes, einen ganz besonderen Platz einräumen«, schreibt Kolata.[4] Kein Wunder, handelt es sich doch bei diesem Schaf um einen besonderen Klon. Es war nicht durch die Vereinigung einer Samen- und einer Eizelle erzeugt worden, sondern durch Kerntransfer.

Hierbei wird der aus einer Zelle isolierte Zellkern in das Zytoplasma einer zuvor entkernten Eizelle derselben Spezies übertragen. Der Transfer des Zellkerns erfolgt dabei in der Regel mittels einer Elektrofusion, bei der die Zellmembranen des Zellkerns und der entkernten Eizelle für kurze Zeit außer Funktion gesetzt werden. Dies ermöglicht ein Zusammenfließen der Zytoplasmen und die Übertragung des Kerns. »Glückt« der Transfer, dann kann sich aus der so manipulierten Zelle nach einer erfolgreichen Übertragung in den Uterus einer Leihmutter ein vollständiges Lebewesen entwickeln. Da dieses Lebewesen annähernd die gleichen Erbinformationen besitzt wie das Lebewesen, von dem der Zellkern stammt, spricht man von einem Klon. Möglich ist das, weil die Zellkerne jeder Körperzelle in Form der Chromosomen annähernd die gesamte Erbinformation des Lebewesens erhalten.

Daher handelt es sich beim Klonen nicht bloß um eine weitere Variante der Fortpflanzung. Vielmehr ist mit dem Klonen – zumindest bei Säugetieren, zu denen Biologen auch den Menschen rechnen – ein echter Paradigmenwechsel verbunden. Während bei Säugetieren die Fortpflanzung durch die Verschmelzung einer Eizelle der Mutter mit einer Samenzelle des Vaters immer zu einer Neukombination von mütterlichen und väterlichen Genen führt und dafür sorgt, dass genetisch einmalige Lebewesen entstehen, werden beim Klonen immer nahezu genetische Kopien bereits vorhandener Lebewesen hervorgebracht. Diese Kopien sind aber nicht vollständig identisch, weil sich das Erbgut der Eizelle nicht ausschließlich in ihrem Zellkern befindet. Auch die im Zytoplasma der Eizelle befindlichen Mitochondrien besitzen einige wenige Gene, die den Energieumsatz der Zelle steuern. Da die Spermien keine Mitochondrien besitzen, wird die Mitochondrien-DNA bei der natürlichen Zeugung ausschließlich von der Mutter vererbt.[5]

Das Besondere an dem Experiment von Wilmut und Campbell war, dass der Zellkern, der für den Transfer genutzt wurde, einer differenzierten Körperzelle entstammte. Dies war bis dahin von den meisten Klonforschern für unmöglich gehalten worden. Tatsächlich aber war das Schaf, welches die Forscher des Roslin-Instituts schufen, die genetische Kopie eines sechs Jahre alten Schafs. Weil die Forscher den Zellkern mit dem genetischen Programm dieses Schafs einer Euterzelle entnommen hatten, gab Ian Wilmut dem Klon »in einem Anflug von Frivolität« den Namen »Dolly«. Wie Kolata von Wilmut erfahren haben will, gehe der Name auf die US-amerikanische Country-Sängerin Dolly Parton zurück, »die es mit ihren ›Brustdrüsen‹ schließlich auch zu Ruhm und Ansehen gebracht habe«.[6]

Revolution ist ein großes Wort. Möglicherweise ein zu großes, denn gegen die Behauptung, dass es sich bei der Zeugung von Dolly um eine Revolution gehandelt habe, ließe sich einwenden, dass es gar nicht sinnvoll sei, Lebewesen zu klonen. Schließlich führte dieser Einsatz der Technik dazu, vorhandenes Erbgut zu konservieren. Der Reichtum der Natur hingegen beruhe wesentlich auf der ständigen Neukombination von Erbinformationen. Weil, wie manche anzunehmen wagen, deshalb mit einer weiten Verbreitung der Technik gar nicht zu rechnen sei, handele es sich beim Klonen – Paradigmenwechsel hin oder her – zwar um eine technische Innovation, keinesfalls aber um eine Revolution.

Obwohl der Einwand besticht, geht er doch an der Sache vorbei. Das Klonen stellt nämlich eine Plattform-Technologie dar. Dabei dürfte das, was am Nächsten zu liegen scheint, nämlich die Erde mit Lebewesen zu bevölkern, die mit einem anderen Lebewesen genetisch identisch sind, ein Ziel sein, das Forscher in Zukunft am wenigsten verfolgen werden.

Das heißt nicht, dass es dazu nicht kommen könnte. Im Gegenteil: Sollte es technisch einmal möglich werden, geklonten Lebewesen – einschließlich des Menschen – eine halbwegs gesunde Existenz zu garantieren, wird es weder an Angeboten noch an der Nachfrage mangeln. Denn weder fehlt es an Wissenschaftlern, die für Geld alles tun, noch an Narzissten, die über das nötige Kleingeld verfügen. So gesteht zum Beispiel Richard Dawkins: »Für mich wäre es ein faszinierender Gedanke, eine kleine Kopie meiner selbst, 50 Jahre jünger, beobachten zu können.«[7] Als mehrfacher Bestseller-Autor dürfte Dawkins zudem zu denjenigen gehören, die es sich auch leisten könnten, diesen Gedanken in die Tat umsetzen zu lassen. Darüber hinaus dürfte die Technologie keineswegs nur von Menschen nachgefragt werden, die unter massiven Persönlichkeitsstörungen leiden. So erläuterte mir kurz nach der Bekanntgabe von Dollys Geburt ein leitender Mitarbeiter im Stab des deutschen »Bundesministeriums für Bildung, Wissenschaft, Forschung und Technologie«, der heute die Staatskanzlei eines großen Bundeslandes leitet, er würde es begrüßen, wenn Eltern, die ihr Kind durch einen Unfall verloren hätten, dieses klonen könnten. Der Mann ist nicht allein. Wie Ian Wilmut in dem Buch »Dolly« verrät, hätten sich nach der Bekanntgabe von Dollys Geburt »viele Menschen« beim Roslin-Institut gemeldet, die sich entweder selbst klonen lassen wollten oder die Forscher baten, »Verstorbene zu rekonstruieren«.[8] Der Titel des englischen Originals lautet übrigens »The Second Creation« – »Die zweite Schöpfung« – und bringt die hinter Dolly stehende Revolution damit viel treffender auf den Punkt.

Man kann das Klonen von Menschen zu reproduktiven Zwecken für das kleinste aller großen Übel halten, die mit dieser Technologie verbunden sind. Ein Grund dafür ist seine bislang offenkundige Erfolglosigkeit im Tierversuch. So ist das Verfahren auch heute noch – zehn Jahre nach Dollys Geburt – nach wie vor extrem ineffizient. Für Dolly rekonstruierte Keith Campbell per Kerntransfer 277 Embryonen. Nur

29 von ihnen entwickelten sich erfolgreich bis zum so genannten Blastozystenstadium. Diese Embryonen wurden in die Uteri von 13 Leihmuttertieren transferiert, doch nur eines von ihnen wurde trächtig und warf schließlich Dolly.[9] Ähnlich dürftige »Erfolgsraten« weisen auch alle anderen Experimente auf, in denen Tiere im zurückliegenden Jahrzehnt geklont wurden. Im Durchschnitt werden lediglich ein Prozent der geklonten Embryonen überhaupt geboren. Die meisten von ihnen weisen auch noch schwere Missbildungen auf. Schon Ian Wilmut beobachtete, dass geklonte Tiere, sofern sie überhaupt lebend geboren werden, überdurchschnittlich häufig mit schweren Missbildungen zur Welt kommen. Beobachtet wurden beispielsweise schwere Fehlbildungen des Herzens, der Lunge, der Nieren oder des Immunsystems.[10]

Bei Rindern und Schafen, wo das Klonen noch am besten funktioniert, ist schon das Geburtsgewicht viel zu hoch. Dieses Phänomen ist so verbreitet, dass die Wissenschaftler hierfür sogar einen eigenen Begriff einführten: Das »Large Offspring Syndrom«. In einer besonders detaillierten Studie untersuchten Forscher acht lebend und vier tot geborene Kalbsklone. Ihre Befunde sprechen eine deutliche Sprache: So konnten alle lebend geborenen Kälber überhaupt nur durch die Gabe zusätzlichen Sauerstoffs am Leben gehalten werden. Ihre Plazenten waren überwiegend abnorm entwickelt und zwei- bis dreimal so groß wie üblich. Das Geburtsgewicht variierte zwischen 44 und 59 Kilo. Normale Kälber wiegen bei der Geburt zwischen 30 bis 40 Kilogramm. Die viel zu großen Tiere litten zudem unter unreifen Lungen, Herzerweiterung, Hyperthermie aufgrund von Flüssigkeitsmangel und erhöhtem Venendruck. Auch die Leihmuttertiere wiesen erhebliche Schädigungen auf. Drei von ihnen starben an Blutvergiftung während der Schwangerschaft.[11]

Doch das ist noch nicht alles. Offenbar sind die beim Klonen auftretenden Fehlbildungen epigenetisch bedingt und ereignen sich bei der Reprogrammierung des geklonten Embryos. Die Epigenetik befasst sich mit Phänomenen, die das »Verhalten« der genetischen Basis nachhaltig prägen. Unter epigenetischen Prägung versteht man die wechselseitige Beeinflussung der Chromosomen eines Chromosomenpaares, wobei bestimmte Gene eines Chromosoms durch das andere ausgeschaltet werden. Diese Prägung scheint für eine normale Embryonalentwicklung notwendig und verantwortlich dafür zu sein, welche genetischen Eigenschaften vom Vater und welche von der Mutter übernommen werden.

»Damit der Spenderzellkern in einem Klon eine normale Entwicklung sichern kann, muss er reprogrammiert werden«, erläutert der Wiener Molekularpathologe Lukas Kenner.[12] Wie erwähnt, besitzen sämtliche Zellen eines frühen Embryos die Fähigkeit, sich in verschiedene spezifische Körperzellen zu verwandeln. Um einen solchen Zustand zu erreichen, werden in dem Genom des Zellkerns bestimmte Gene aktiviert. Hat die Zelle den angestrebten Zustand erreicht, werden diese Gene deaktiviert und wiederum andere Gene aktiviert. Auf diese Weise wird dafür Sorge getragen, dass die Zelle in diesem Zustand verbleibt und nur noch die Proteine herstellt, die von den spezifischen Körperzellen, in die sie sich verwandelt, üblicherweise hergestellt werden. Bei ihrer Verwandlung legen sich die Zellen eine Art »epigenetisches Gedächtnis« (Kenner) zu. Die Reprogrammierung zielt darauf ab, dieses »epigenetische Gedächtnis« zu löschen.

Dies ist notwendig, da beim Klonen in die entkernte Eizelle das Genom einer Körperzelle eingebracht wird, die bereits eine »Entwicklungsgeschichte« hat, nun aber noch einmal bei »null« starten soll. Allerdings reicht es nicht, das »epigenetische Gedächtnis« des Klons einfach auf »null« zu setzen. Aus Gründen, die mit der Entwicklung einer normal befruchteten Eizelle zu tun haben, müssten »die mütterlichen und väterlichen Anteile des Genoms getrennt und separat reprogrammiert werden«, erläutert Kenner.[13]

Grob vereinfachend könnte man die Zelle mit einem Computer vergleichen. Während hier bei einem Neustart des Betriebssystems auch alle Anwendungsprogramme auf null gesetzt und anschließend wieder gestartet werden können, müssten bei der Reprogrammierung des Genoms die verschiedenen Anwendungsprogramme, die miteinander kommunizieren, in einer bestimmten Reihenfolge zurückgefahren werden, um ein fehlerfreies Arbeiten nach einem Neustart zu gewährleisten. Nur dann besteht eine Chance, dem Klon eine normale Entwicklung zu ermöglichen. Ein solches Verfahren ist jedoch laut Kenner »zurzeit nicht möglich, was impliziert, dass reproduktives Klonen an den biologischen Gegebenheiten scheitern dürfte«.[14] Daher bleibt das Klonen mit dem Ziel der Geburt, das auch als reproduktives Klonen bezeichnet wird und bei Säugetieren in brutale Quälerei mündet, beim Menschen vermutlich ein gänzlich utopisches Projekt.

Das hindert Wissenschaftler offenbar jedoch nicht, es dennoch zu versuchen. So berichtete der österreichische Biologe Karl Illmensee in der April-Ausgabe des »Journal für Reproduktionsmedizin und Endokrinologie«, er habe einer Frau einen geklonten menschlichen Embryo eingesetzt.[15] Bei der Publikation handelt es sich nicht um ein Wald- und Wiesenblättchen, sondern um das »offizielle Organ« von neun Spitzenverbänden der deutschen, österreichischen und schweizerischen Reproduktionsmedizin; darunter die Deutsche Gesellschaft für Reproduktionsmedizin (DGRM), der Bundesverband Reproduktionsmedizinischer Zentren Deutschlands (BRZ) und die

Deutsche Gesellschaft für Gynäkologische Endrokrinologie und Fortpflanzungsmedizin (DGGEF). Obwohl sich der geklonte Embryo nicht erfolgreich in die Gebärmutter eingenistet habe, habe man zum ersten Mal gezeigt, dass menschliche Fortpflanzung via Zellkerntransfer sowie die Übertragung von geklonten menschlichen Embryonen eine Möglichkeit sei, um in Zukunft »Patienten, die keine andere Alternative haben, eigene Nachkommen zu zeugen«, zu solchen zu verhelfen.[16]

Realer und damit auch bedrohlicher scheinen beim Menschen jedoch zwei andere Anwendungsmöglichkeiten dieser Technologie. Die eine betrifft das Klonen menschlicher Embryonen zum Zwecke der Stammzellgewinnung, die andere die so genannte Keimbahntherapie, mit der sich Menschen genetisch verändern ließen.

Wie bereits geschildert, birgt das Vorhaben, aus den embryonalen Stammzellen menschlicher Embryonen Gewebe für die Transplantation zu züchten, für die Patienten, die mit ihm »beglückt« werden sollen, zwei große Unwägbarkeiten: die Gefahr der Entartung der transplantierten Zellen, und die Gefahr, dass das transplantierte Gewebe vom Empfänger als fremdes erkannt und daher abgestoßen wird. Letztere könnte durch das Klonen möglicherweise umgangen werden. So könnte man dem Patienten analog zum Dolly-Verfahren eine Körperzelle entnehmen, aus ihr den Kern isolieren und diesen in eine entkernte Eizelle einbringen. Der so erzeugte Klon besäße dann überwiegend Erbgut, das mit dem des Patienten identisch wäre.

Inwieweit auch dies Anteil daran hat, dass Klone nicht gesund zur Welt kommen, ist bislang ungeklärt. Für die embryonale Stammzellforschung ist dies jedoch bedeutungslos. Denn hier sollen die geklonten Embryonen überhaupt nicht geboren werden, sondern sich nur so weit entwickeln, dass ihnen Stammzellen entnommen werden können. Dazu müssten die geklonten Embryonen in der Petrischale lediglich bis zum Blastozystenstadium reifen. Aus ihrer inneren Zellmasse ließen sich dann die von den Forschern begehrten embryonalen Stammzellen gewinnen, wobei der Klon freilich getötet würde.

Dieses Verfahren wird weithin als »therapeutisches Klonen« bezeichnet. »Therapeutisch« deshalb, weil die Zellen, zur deren Produktion der geklonte Embryo zunächst erzeugt und dann getötet wird, verwendet werden sollen, um zerstörtes Gewebe bei Patienten zu ersetzen. Da das Erbgut des Klonembryos nahezu genetisch identisch mit dem des Patienten wäre, rechnen viele Forscher damit, dass das Immunsystem des Empfängers das aus den embryonalen Stammzellen des Klons gezüchtete Gewebe nicht als fremdes erkennt und – derart überlistet – auch nicht abstößt. Doch bei näherem Hinsehen entpuppt sich auch dies bislang als reines Wunschdenken.

Wie Lukas Kenner in seinem Gutachten zur Anhörung des »Ausschusses für Bildung, Forschung und Technikfolgenabschätzung« des Deutschen Bundestags am 9. Mai 2007 zur Stammzellforschung darlegt, wurde bislang überhaupt »nur eine einzige tierexperimentelle Studie publiziert, die das gesamte Verfahren des ›therapeutischen Klonens‹ exemplarisch demonstrieren wollte«.[17] Doch das Experiment, das die Forscher um William M. Rideout und Konrad Hochedlinger mit Mäusen durchgeführt hatten,[18] verlief zunächst alles andere als erfolgreich. Denn die Autoren der Studie zeigten sich außer Stande, Mäuse, die einen genetischen Defekt aufwiesen, mit den embryonalen Stammzellen zu heilen, die sie mittels »therapeutischen Klonen« aus ihren genetischen Kopien gewonnen hatten. Erst nachdem die Forscher die kranken Mäuse geklont hatten und den geborenen Mäuse-Klonen adulte Stammzellen aus deren Knochenmark entnommen hatten, wiesen die mit diesen Zellen behandelten Mäuse Heilungserfolge auf.[19]

Doch selbst wenn es Forschern irgendwann einmal gelänge, mit embryonalen Stammzellen aus geklonten Embryonen, die dafür getötet werden müssen, Heilung zu ermöglichen, so müssten auch diese embryonalen Stammzellen vor der Verwendung zur Therapie vollständig in spezialisierte Zellen umgewandelt werden. Andernfalls bestände auch hier die Gefahr, dass sie zu Krebs entarten. Da es dafür aber, wie in Kapitel 9 gezeigt, keine akzeptable Lösung zu geben scheint, könnte auch diese Anwendung des Klonens letztlich im Sand verlaufen. Davon abgesehen würden für das therapeutische Klonen zur Gewinnung von embryonalen Stammzellen Unmengen an Eizellen benötigt. Von ihrer Gewinnung handelt das nächste Kapitel.

---

1 vgl. Lukas-Evangelium 1,26–38 u. 2,4–14.
2 vgl. Wilmut, Ian et al.: »Viable Offspring Derived from Fetal and Adult Mammalians Cells.« Nature 385 (1997). S. 810–813.
3 Kolata, Gina: Das geklonte Leben. Ein Jahrhundert-Experiment verändert die Zukunft des Menschen. München 1997. S. 280.
4 ebenda S. 10.
5 vgl. Nüsslein-Volhard, Christiane: Das Werden des Lebens. Wie Gene die Entwicklung steuern. München 2004. S. 158 f.
6 wie Anm. 3, S. 11.
7 Dawkins, Richard: Thinking Clearly About Clones. Free Inquiry Vol. 17 1997), Nr. 3. Zit. nach Kolata, Gina, wie Anm. 3. S. 290.
8 vgl. Wilmut, Ian / Campbell, Keith / Tudge, Collin: Dolly. Der Aufbruch ins biotechnische Zeitalter. München 2000. S. 278.
9 ebenda S. 270.
10 vgl. Jaenisch, Rudolf / Wilmut, Ian: Don't Clone Humans. Science Vol. 291 (2001) Nr. 5513.
11 Hill, J. R. et al.: Clinical and Pathologic Features of Cloned Transgenic Calves and Fetuses. Theriogenology Nr. 51 (1999) S. 1451–1465.
12 Kenner, Lukas: Heute klonen – morgen heilen? Imago Hominis (2005) Bd. 12, Heft 2 S. 99–107. S. 102.
13 ebenda S. 103.

14 ebenda

15 vgl. Illmensee, Karl: Mammalian Cloning and its Discussion on Applications in Medicine. In: Journal für Reproduktionsmedizin und Endokrinologie 4 (2007). S. 6–16. Hier S. 8.

16 ebenda S. 8 f.

17 Deutscher Bundestag: Anhörung des Ausschusses für Bildung, Forschung und Technikfolgenabschätzung »Stammzellforschung« am 9. 5. 2007. Stellungnahme von Prof. Dr. Lukas Kenner. A.-Drs. 16 (18) 193s. S. 5.

18 vgl. Rideout, William M. / Hochedlinger, Konrad et al.: Correction of a Genetic Defect by Nuclear Transplantation and Combined Cell and Gene Therapy. Cell 109 (2002). S. 17–27.

19 vgl. ebenda.

»Humanität besteht darin,dass niemals ein Mensch einem Zweck geopfert wird.«
ALBERT SCHWEITZER

KAPITEL 12

Frauen als Gewächshäuser

Wie Eizellen »geerntet« und gehandelt werden

Eizellen sind ein rares Gut. Anders als bei Männern, deren Hoden und Nebenhoden im gesunden Zustand täglich rund 100 Millionen neue Samenzellen produzieren, werden bei Frauen sämtliche Eizellen bereits während der Embryonalentwicklung gebildet. Danach lagern in den Eierstöcken jeder fruchtbaren Frau rund 250 000 unreife Eizellen.[1] Doch nur rund 400 von ihnen reifen im Laufe des Lebens einer Frau auch tatsächlich zu einem befruchtungsfähigen Ei heran.[2]

Mit dem Eintritt der Geschlechtsreife stellen die Eierstöcke der Frau alle drei bis vier Wochen rund zwei Dutzend Eizellen bereit. Zur Reifung gelangen sie, indem sie über die an ihrer Außenschicht befindlichen Rezeptoren das so genannte Follikel stimulierende Hormon (FSH) aufnehmen, das der weibliche Organismus mit Beginn des Zyklus ausschüttet. Zum Eisprung gelangt jedoch in der Regel jeweils nur dasjenige Ei, welches das meiste FSH aufnimmt. Alle übrigen sterben ab.[3]

Weil jedoch sämtliche Verfahren der künstlichen Befruchtung, mit denen wir uns noch eingehender beschäftigen werden[4], in hohem Maße ineffizient sind, benötigen die Reproduktionsmediziner, um unfruchtbaren Paaren überhaupt zu

Nachwuchs verhelfen zu können, deutlich mehr Eizellen. Frauen, die eine künstliche Befruchtung durchführen lassen wollen, werden deshalb zuvor einer Hormonbehandlung unterzogen. Diese sorgt dafür, dass in den Eierstöcken mehr Eizellen heranreifen als von der Natur vorgesehen.

Laut dem President's Council on Bioethics, einem 17-köpfigen Expertengremium, das US-Präsident George W. Bush in sämtlichen bioethischen Fragen berät, werden durch die Hormonbehandlungen im Vorfeld einer künstlichen Befruchtung heute durchschnittlich 12 bis 15 Eizellen gewonnen.[5] Allerdings geben sich längst nicht alle Mediziner mit einer solchen Ausbeute zufrieden. So berichtete etwa das »Boston Globe Magazine« im Juni 2006 über die Eizellspenden der US-Amerikanerin Jamie Galbraith. Binnen drei Jahren hatte sich die 27-jährige Mutter zweier Kinder viermal einer Eizellspende unterzogen. Bei den ersten drei Spenden »ernteten« die Ärzte, wie die Gewinnung von Eizellen im lässigen Jargon der Mediziner auch heißt, jeweils mehr als 40 Eizellen. Bei der vierten Spende, für die sich Galbraith in das »Brigham and Women's Hospital Center for Assisted Reproduction« in Massachusetts begeben hatte, belief sich die Ausbeute auf 66 Eizellen.[6]

Auch wenn die 66 Eizellen, die Jamie Galbraith bei ihrer vierten Spende entnommen wurden, möglicherweise einen Negativ-Rekord markieren – die Hyperstimulation von Frauen ist kein Einzelfall. »Gezielt werden Frauen überstimuliert mit bis zu 40 Eizellen pro Zyklus«, bestätigt die Grünen-Politikerin Hiltrud Breyer. Damit nicht genug: Frauen, klagt die Abgeordnete des Europäischen Parlaments, würden weder über »die Risiken einer Überstimulierung informiert, noch gibt es Verpflichtungen, Un- und Todesfälle zu dokumentieren«[7].

Tatsächlich sind die Risiken keineswegs gering. Werden die zur Stimulierung der Eierstöcke verabreichten Hormone zu üppig dosiert, laufen die Frauen Gefahr, am so genannten ovariellen Hyperstimulationssyndrom (OHSS) zu erkranken. Eine Gefahr, die für nicht wenige Patientinnen zur schmerzlichen Realität wird. Mindestens jede zehnte Eizellspenderin durchleide das OHSS in einer »milden« Form, erläuterte die Wissenschaftsjournalistin Eva Schindele Ende Januar 2007 auf einer Fachtagung zur Stammzellforschung in Berlin, zu der die Bundestagsfraktion von Bündnis 90/Die Grünen geladen hatte. Als »milde« Form gelten schmerzhafte Schwellungen des Bauchraums, Depressionen, Kopfschmerzen und andauernde Übelkeit.

In ein bis zwei von hundert Fällen treten nach Schätzungen der Weltgesundheitsorganisation (WHO) auch lebensbedrohliche Nebenwirkungen wie Nierenversagen, Lungenembolien oder Schlaganfälle auf.[8] So erlitt etwa die damals 22-jährige Calla Papademas, eine Absolventin der Elite-Universität Stanford, einen Gehirnschaden und ist seitdem linksseitig gelähmt. Die hohen Hormondosen, die ihr verabreicht worden waren, hatten nicht nur zur Reifung vieler Eizellen beigetragen, sondern auch das Wachstum eines nicht entdeckten Tumors rapide beschleunigt, der schließlich einen massiven Schlaganfall auslöste.[9] Im Jahr 2003 starb Jacqueline Rushton an OHSS, nachdem sie sich zur Erfüllung ihres Kinderwunsches einer künstlichen Befruchtung unterzogen hatte. Die Ärzte hatten ihr eine so hohe Hormondosis verabreicht, dass sie ihr schließlich 33 Eizellen entnehmen konnten. Die Überstimulation führte bei Jacqueline Rushton zu einer gefährlichen Ansammlung von Gewebeflüssigkeit in der Bauchhöhle, zur Schädigung des Hirns und schließlich zu einem tödlichen Nierenversagen.[10]

An OHSS zu erkranken ist jedoch nicht das einzige Risiko, das Frauen auf sich nehmen, die sich einer Hormonbehandlung zur Eizellreifung unterziehen. So kann es bei der unter Narkose vorgenommenen Eileiterpunktion, bei der die Eizellen operativ entnommen werden, auch zu inneren Blutungen nach einer Verletzung der Eierstöcke und der Blase kommen. Auch die Fruchtbarkeit selbst kann »infolge von Infektionen oder Zysten«[11] beeinträchtigt werden. »Kaum erforscht« sind laut Schindele zudem die Langzeitfolgen der Hormonstimulation. So wisse man bislang nicht, welche Folgen der Extrahormonschub in 20 oder 30 Jahren im weiblichen Organismus hervorrufe. Experten halten es für denkbar, dass er das Risiko von Frauen, an Eierstock- und Gebärmutterkrebs zu erkranken, signifikant erhöhe.

Angesichts der beträchtlichen Risiken und Nebenwirkungen, welche die Hormonstimulation und die anschließende Eizellentnahme für die betroffene Frau mit sich bringen, sollte man annehmen dürfen, dass Ärzte Frauen einer solchen Prozedur nur dann unterziehen, wenn es der Erfüllung ihres eigenen Kinderwunsches dient, wenn sie sich also selbst einer künstlichen Befruchtung unterziehen wollen. Richtig ist leider das Gegenteil. Zwar ist in Deutschland die Eizellspende ebenso wie in Italien, Norwegen, Österreich und der Schweiz bislang verboten. Doch in allen anderen Ländern Europas ist die Spende von Eizellen entweder gesetzlich nicht geregelt oder aber – wie in den USA – ausdrücklich erlaubt.

Seit Jahren werden dort Frauen für Eizellspenden regelrecht angeworben. Besonders begehrt sind die Eizellen von jungen Studentinnen, die Experten zufolge rund drei Viertel aller Spenderinnen stellen. Die Eizellen von Studentinnen lassen sich – insbesondere wenn sie an einer Elite-Universität studieren – nicht nur besser vermarkten als andere. Wegen der hohen Studiengebühren, die Studenten an den US-amerikanischen Universitäten zahlen müssen, sind viele Studentinnen auch viel eher bereit als andere, die mit der Spende verbundenen Risiken auf sich zu nehmen. Denn das Geld lockt: Die Summen, die den Studentinnen für eine Eizellspende gezahlt werden, betragen üblicherweise 5000 bis 10 000 Dollar. Können die »Spenderinnen« zusätzlich noch mit speziell gewünschten Merkmalen wie einer bestimmten Körpergröße, Augenfarbe oder einem besonders guten Ergebnis beim Aufnahmetest dienen, dann sind auch Summen von bis zu 50 000 Dollar keine Seltenheit.[12]

Beträge, von denen Frauen in Osteuropa nicht einmal träumen können. In den Ländern des ehemaligen Ostblocks werden Frauen dazu verleitet, ihre Eizellen auch schon für umgerechnet 250 Dollar zu Markte zu tragen.[13] So schilderte im Mai 2006 der Bukarester Rechtsanwalt George Măgureanu auf einem von Feministinnen veranstalteten Symposium in Brüssel, wie junge Frauen von Fortpflanzungskliniken in Rumänien ausgebeutet werden. Măgureanu berichtete von zwei Mandantinnen, die im Alter von 19 und 23 Jahren an der »Global Art«-Klinik in Bukarest Eizellen gespendet hatten. Für die Spenden von jeweils 20 Eizellen habe die Klinik beiden Frauen einmalig je 250 Dollar gezahlt. Die Behandlung der jungen Frauen, die anschließend an OHSS litten, sei von einer auf die Eizellspende nicht spezialisierten Ärztin vorgenommen worden. Gegen sie war später ein einjähriges Berufsverbot verhängt worden. Laut Măgureanu seien beide Frauen nicht ausreichend über die gesundheitlichen Risiken informiert worden. Überdies hätten die Verträge, die den Frauen erst nach der erfolgten Eizellspende zur Unterschrift vorgelegt worden seien, »das Verbot der Konsultation anderer Ärzte sowie der rumänischen Behörden enthalten« und

»einen Ausschluss der Haftung« der Klinik vorgesehen. Kurz nach dem Eingriff seien beide Frauen dann aus der Klinik, die »mit privatem Wachpersonal gesichert und nur nach Anmeldung zu betreten« gewesen sei, entlassen worden. Als sie sich wegen der eingetretenen Nebenwirkungen telefonisch an die Klinik wandten, habe dort niemand auf ihre Anrufe reagiert. [14]

Betrieben wird die »Global Art«-Klinik von dem aus Israel stammenden Mediziner Ilya Barr. Mit der ebenfalls in Bukarest ansässigen Klinik »Global Med Rom« gehört sie zu Barrs »International Fertility Medical Center«, das Kunden in den USA, Europa und Asien versorgt und über eine Muttergesellschaft auf den Jungferninseln verfügt.[15]

In die Schlagzeilen geriet die Klinik, als der britische Fernsehsender BBC im Dezember 2004 berichtete, die britische Regierung plane eine »finanzielle Erstattung von 1000 Pfund für Frauen einzuführen, die ihre Eizellen spenden« und in diesem Zusammenhang erwähnte, dass eine einzige Klinik in Bukarest über mehr Spenderinnen verfüge als alle Kliniken in Großbritannien zusammen.[16] Anderen Medienberichten zufolge wurden jungen Rumäninnen an der »Global Art«-Klinik insgesamt rund 3000 Eizellen entnommen. Anschließend seien die Eizellen mit aus Großbritannien importierten Spermien befruchtet und die befruchteten Embryonen im tiefgefrorenen Zustand an ihre Besteller auf den Britischen Inseln verschickt worden.[17] Der Grund für die merkwürdig anmutende Logistik ist ein biologischer: Weil Eizellen sehr empfindlich auf Temperaturschwankungen reagieren, lassen sie sich, anders als Spermien und Embryonen, nicht erfolgreich einfrieren und wieder auftauen.[18]

Der BBC-Bericht, der einen schwunghaften Eizellhandel britischer und rumänischer Kliniken nahelegte, schreckte auch das Europäische Parlament auf. Denn in Europa ist der Handel mit menschlichem Gewebe verboten. Am 10. März 2005 verabschiedete das Europäische Parlament daher eine Entschließung, in der es »jeglichen Handel mit menschlichen Körpern und Teilen davon« verurteilte und daran erinnerte, dass die Mitgliedsstaaten gemäß Art. 12 Abs. 1 der EU-Gewebe-Richtlinie 2004/23/EG »danach zu streben haben, freiwillige und unentgeltliche Spenden von Geweben und Zellen sicherzustellen«.[19]

Das gilt im Prinzip auch für die USA. Auch dort verbietet der so genannte »National Organ Transplantation Act« den Verkauf von Körperteilen. Um mit dem Gesetz nicht in Konflikt zu geraten, werden die Summen, die Spenderinnen für ihre Eizellen gezahlt werden, deshalb als »Aufwandsentschädigungen« deklariert. So empfiehlt die »American Society for Reproductive Medicine« (ASRM), Eizellspenden mit einer »Aufwandsentschädigung« von 3360 bis 4200 Dollar zu vergüten.[20] Dabei multipliziert die ASRM die Anzahl der Stunden, die sich eine Eizellspenderin in medizinischer Umgebung aufhalten müsse, mit den 65 bis 75 Dollar, die in den USA üblicherweise für eine Samenspende gezahlt werden. Weil eine Eizellspende jedoch beschwerlicher als eine Samenspende sei, bedürfen laut der ASRM erst »Aufwandsentschädigungen« einer Begründung, die einen Betrag von 5000 Dollar überschritten. Als unangemessen hoch betrachtet die ASRM Zahlungen, die eine Höhe von 10 000 Dollar übersteigen.[21]

In Europa gilt Spanien als das neue Mekka der Stammzellforschung und der Reproduktionsmedizin. Im Mai 2006 verabschiedeten die allein regierenden Sozialisten unter Ministerpräsident José Luis Rodríguez Zapatero ein Gesetz, das die künstliche Zeugung und Selektion von Embryonen erlaubt, die als Zellspender für kranke Geschwister dienen sollen. Seit Anfang 2007 ist in Spanien auch das Klonen menschlicher Embryonen zu Forschungszwecken erlaubt.[22] Nur das Verbot der Leihmutterschaft wird von den Sozialisten noch aufrechterhalten.[23] Eizellspenderinnen werden hier pro Spende »Aufwandsentschädigungen« zwischen 700 und 1000 Euro gezahlt.[24] Wie viele Spenderinnen es gibt, weiß niemand genau. Die spanische Tageszeitung »El País« schätzt sie auf 8000 pro Jahr.[25] Da sie jedoch, ebenso wie in den USA, nicht erfasst werden, lässt sich auch nicht sagen, wie oft und in welchen Abständen sie spenden.

Geworben werden die Eizellspenderinnen auch in Spanien vor allem an den Universitäten des Landes. So schmeichelt etwa die Fortpflanzungsklinik Quiron in Bilbao Frauen auf Handzetteln, die auf dem Campus der Universität verteilt werden: »Es gibt etwas, das Dich zu was ganz Besonderem macht. Denn Du hast die Macht, das Leben anderer Menschen zu verändern, denn nur Du kannst uns geben, was wir brauchen. Jedes Mal, wenn Du eine Eizelle spendest, spendest Du Glück!«[26]

»Glück«, an dem jetzt auch die Stammzellforscher partizipieren. Denn seit kurzem können Frauen in Spanien Eizellen direkt für die Forschung spenden. Der Klonforscher Miodrag Stojkovic, ein Serbe mit deutschem Pass, wechselte unter anderem deshalb zusammen mit seiner Frau Anfang 2007 vom Center for Stem Cell Biology and Developmental Genetics der Universität Newcastle an das Centro de Investigacíon Principe Felipe in Valencia. »Wir wollen uns nicht mehr mit den übriggelassenen Eizellen herumplagen. Wir werden Eizellen von einer großen spanischen Fruchtbarkeitsklinik mit 3000 Zyklen im Jahr bekommen«, erläuterte Stojkovic dem Wissenschaftsmagazin »Science«.[27]

Gut möglich, dass dann auch in Spanien – ähnlich wie in Großbritannien, das als erstes Land in Europa das Klonen zu Forschungszwecken erlaubte – die Eizellen knapp werden. Hatte doch der südkoreanische Klonforscher Hwang Woo Suk für den erfolglosen Versuch, embryonale Stammzelllinien aus geklonten Embryonen zu etablieren, nachweislich nicht weniger als 2221 frische Eizellen benötigt. 15 der 119 Spenderinnen erkrankten anschließend an OHSS.[28]

Aber wen interessiert das in einer Branche, die Eizellen »erntet« und Frauen offensichtlich als Gewächshäuser betrachtet?

---

1 vgl. Spiewak, Martin: Wie weit gehen wir für ein Kind. Im Labyrinth der Fortpflanzungsmedizin. Frankfurt am Main, 2002. S. 44 f.

2 vgl. Nüsslein-Volhard, Christiane: Das Werden des Lebens. Wie Gene die Entwicklung steuern. München 2004. S. 141.

3 vgl. Anm. 1.

4 vgl. die Kapitel 15, 16 und 17.

5 President's Council on Bioethics: Beyond Therapy. Biotechnology and the Pursuit of Happiness. Washington D.C. 2003. S. 42.

6 vgl. »Golden Eggs.« Boston Globe Magazine v. 25. 6. 2006.

7 »Eizellen als Handelsware.« Die Welt v. 7. 8. 2006.

8 vgl. »Rohstoff für das Mutterglück.« Die Zeit v. 18. 1. 2007.

9 vgl. »Smarte Blondinen bevorzugt.« Spiegel online v. 4. 9. 2006.

10 Poplutz, Christian: Eizellen heiß begehrt. In: LebensForum Nr. 75 (2005) S. 12–15.

11 Werner-Feldmayer, Gabriele: Menschliche Eizellen – Lebensspender, Hoffnungsträger, Handelsware. In: Imago Hominis, Band 12, Heft 3 (2005). S. 207–215. Hier S. 212.

12 vgl. wie Anm. 9.

13 vgl. wie Anm. 10.

14 ebenda

15 ebenda

16 »Egg donation surges in Romania.« BBC v. 23. 12. 2004.

17 vgl. wie Anm. 10.

18 vgl. »Die Jagd auf Eizellen hat begonnen.« Die Tagespost v. 27. 1. 2005.

19 vgl. wie Anm. 10.

20 vgl. wie Anm. 5. S. 151 ff.

21 vgl. wie Anm. 5. S. 152.

22 »Wunschbabys aus Madrid.« Handelsblatt v. 27. 12. 2007.

23 vgl. wie Anm. 8.

24 »Großer Markt für Eizellen.« Deutschlandradio v. 20. 2. 2007.

25 vgl. wie Anm. 8.

26 ebenda

27 »Der Eierdeal.« Deutschlandradio v. 1. 10. 2006.

28 Schindele, Eva: »Handel mit der Ware Eizelle.« Vortrag auf der Fachtagung »Stammzellforschung Hope oder Hype?« der Bundestagsfraktion Bündnis 90/Die Grünen am 31. 1. 2007 in Berlin.

»Wahrhaftigkeit und Politik wohnen selten unter einem Dach.«

Stefan Zweig
»Marie Antoinette«

KAPITEL 13

Tarnen, täuschen, tricksen

Warum Biopolitik auch Sprachpolitik ist und wie beides gemacht wird

Auf die Frage, was er täte, wenn ihm die Verwaltung eines Landes anvertraut wäre, soll der chinesische Philosoph Konfuzius (551–479 v. Chr.) geantwortet haben: »Ich würde den Sprachgebrauch verbessern.« Zur Begründung hat er ausgeführt: »Wenn die Worte nicht stimmen, dann ist das, was gesagt wird, nicht das Gemeinte. Wenn das, was gesagt wird, nicht das Gemeinte ist, dann gedeihen die Werke nicht. Gedeihen die Werke nicht, so verderben die Sitten und die Künste. Verderben die Sitten und die Künste, so trifft die Justiz nicht das Rechte. Trifft die Justiz nicht das Rechte, so weiß das Volk nicht, wohin Hand und Fuß setzen. Daher achte man darauf, dass die Worte stimmen. Das ist das Wichtigste von allem.«[1]

In der Biopolitik wird das Wichtigste regelmäßig mit Füßen getreten. Im Jahr 2006 haben Wissenschaftler untersucht, ob sich die Zustimmung zum Klonen durch eine Änderung des Sprachgebrauchs steigern lasse. Für die Studie befragten Kathy Hudson und ihre Kollegen vom »Genetics and Public Policy Center« mit Sitz in Washington D.C. 2000 Personen, ob sie dafür seien, Stammzellen aus menschlichen Embryonen zu gewinnen, die zu Forschungszwecken geklont wurden. Bei der Hälfte der Befragten benutzten die Forscher anstelle des Begriffs »cloning« den Begriff »SCNT« (somatic cell nuclear transfer). Und siehe da: Die Zustimmung stieg von 29 auf 46 Prozent.

Weil jedoch der Begriff »somatischer Zellkern-Transfer« auch bei Versuchen zum reproduktiven Klonen verwendet werden kann, befragten Hudson und ihre Kollegen die Testpersonen auch nach deren Haltung zum reproduktiven Klonen. Und auch hier stellten sie fest: Nachdem eine der beiden Gruppen danach gefragt wurde, ob sie die Erzeugung von Babys mittels »somatischen Zellkern-Transfers« befürworten würden, stieg auch hier die Zustimmung von 10 auf 24 Prozent.[2]

In Deutschland waren Befürworter des Klonens schon früher auf die Idee verfallen, man könne zur Steigerung der Akzeptanz der Klonforschung der Bevölkerung einfach in die Tasche lügen. So schlug Detlev Ganten, heute Vorstandsvorsitzender der Berliner Charité, des größten Klinikums Europas, in einem Namensbeitrag für die »Frankfurter Allgemeine Zeitung« 2003 vor, das »umstrittene therapeutische Klonen« kurzerhand in »gezielte Zellvermehrung« umzubenennen.[3] Während es »beim eigentlichen Klonen« um die »ungeschlechtliche Herstellung von genetisch identischen Lebewesen« gehe, wolle dies beim therapeutischen Klonen niemand, begründete der Molekularbiologe seinen Vorschlag. Stattdessen gehe es beim therapeutischen Klonen »um die gezielte Zellvermehrung und Zelldifferenzierung zum Zwecke der Transplantation dieser Zellen«.[4]

Tatsächlich lässt sich die »gezielte Zellvermehrung und Zelldifferenzierung zum Zwecke der Transplantation dieser

Zellen« beim therapeutischen Klonen jedoch erst dann bewerkstelligen, wenn zuvor durch ungeschlechtliche Vermehrung ein »genetisch identisches Lebewesen« erzeugt wurde – wenn also genau das eingetreten ist, was laut Ganten angeblich niemand will. Wer Ganten nicht unterstellen möchte, er verstehe von seinem eigenen Fachgebiet so wenig, dass er dies auch übersehen haben könnte, muss ihm logischerweise unterstellen, er verschweige diese Tatsache absichtlich.

Würde es sich bei Gantens FAZ-Beitrag um eine singuläre Erscheinung handeln, dann ließe sich darüber hinsehen. Denn bekanntlich macht eine Schwalbe noch keine Sommer. Doch genau dies ist nicht der Fall. Im Gegenteil: In der Biopolitik, die Ganten und andere neben ihrer eigentlichen Profession betreiben, wird mit einer verblüffenden Regelmäßigkeit anstelle der Realität der Wunsch zum Vater des Worts gemacht.

Der »linguistic turn« ist gewissermaßen so etwas wie das Markenzeichen der »Kultur des Todes« (Johannes Paul II.)[5], die wie jede andere Subkultur ihre eine eigene Sprache gebiert. Ihre Wortschöpfungen reichen weit über die eigentliche Biopolitik hinaus. So wird in der Sprache der »Kultur des Todes« zum Beispiel der »Suizid« – eine Tat, die in der Regel in kaum vorstellbarer Verzweiflung verübt wird – zum »Freitod« stilisiert und die »Tötung auf Verlangen« als »Sterbehilfe« verniedlicht. Statt Abtreibung korrekt als »vorgeburtliche Kindstötung« zu bezeichnen, wird vom »Schwangerschaftsabbruch« gesprochen: geradeso als existiere der Embryo, der bei diesem Vorgang sein Leben verliert, überhaupt nicht. Vom »Schwangerschaftsabbruch« wiederum reden wir heute auch nur, weil die Abtreibungslobby bei dem Versuch, den Begriff »Schwangerschaftsunterbrechung« zu etablieren, einen massiven Schiffbruch erlitt. Da selbst ideologische Abtreibungsbefürworter nicht leugnen konnten, dass der Begriff »Unterbrechung« die Möglichkeit einer Fortsetzung zwingend impliziert, während mit der Abtreibung eines ungeborenen Kindes die Schwangerschaft unwiderruflich beendet wird, funktionierte die Sprachpolitik hier einmal nicht.[6]

Ansonsten erweist sie sich als überaus potent und zeugt einen Euphemismus nach dem anderem. So wird im angelsächsischen Sprachraum etwa die Selektion künstlich erzeugter Kinder aufgrund ihres Geschlechts als »social sexing«[7] verharmlost. Die Selektion eines Embryos aus einem Dutzend anderer (die Reproduktionsmediziner inzwischen auch unter morphologischen Gesichtspunkten vornehmen) wird als »single embryo transfer«[8] gepriesen.

Auch der Embryo selbst ist längst ins Visier der Sprachkünstler geraten. Als Frucht ihres Strebens, mit Worten eine zweite Wirklichkeit zu schaffen, darf etwa die Rede von »überzähligen« Embryonen betrachtet werden, die angeblich bei der künstlichen Befruchtung »anfallen«. Tatsächlich ist dies unzutreffend. Denn Embryonen fallen nicht einfach an, sondern werden, wie dies bei der künstlichen Befruchtung durch das gezielte Zusammenbringen von Ei und Spermium nun einmal geschieht, erzeugt. Auch müsste es sich streng genommen verbieten, von »überzähligen« Embryonen zu sprechen. Weil mit diesem Sprachgebrauch eine Abwertung und Verdinglichung des Embryos einhergeht, sprechen jene, welche sich für das Lebensrecht des Embryos einsetzen, bevorzugt von »verwaisten Embryonen«.[9]

Noch dramatischer ist die Bezeichnung früher Embryonen als »Prä-Embryonen«. So werden häufig menschliche Embryonen bezeichnet, die noch nicht in den Uterus einer Frau transferiert wurden. Die mit dieser Wortschöpfung verfolgte Absicht liegt auf der Hand: Offensichtlich soll der Embryo, solange er dem Zugriff der Forscher durch den Transfer in den Mutterleib noch nicht entzogen ist, als Vorstufe eines Embryos ausgegeben werden.

Was die Biobastler in Europa allenfalls hinter vorgehaltener Hand zugeben würden, wird in den USA auch offen bekannt: So verrät der Molekularbiologe Lee M. Silver: »Der Begriff ›Präembryo‹ wurde von den IVF-Praktikern nicht etwa aus wissenschaftlichen Erwägungen von ganzem Herzen begrüßt, sondern aus Gründen, die politischer Natur sind. Der neue Begriff wird verwendet, um den Eindruck zu erwecken, dass ein grundlegender Unterschied bestünde zwischen dem, was wir nicht medizinisch orientierten Biologen noch immer als sechs Tage alten Embryo bezeichnen und dem, was wir und jedermann sonst einen 16 Tage alten Embryo nennen.«[10]

Anders als viele seiner Kollegen ist Silver ein Mann, der mit offenem Visier für seine Überzeugungen eintritt. Obwohl er das volle Programm genetischer Manipulationen, einschließlich des Klonens von Babys und der Keimbahntherapie befürwortet, scheint Silver eine Abneigung gegen jene Strategie zu besitzen, welche die Befürworter einer grenzenlosen Gentechnik in Deutschland präferieren. Der hierzulande so beliebte Dreikampf aus Tricksen, Tarnen und Täuschen, in dem sich Politiker, Wissenschaftsfunktionäre und Forscher scheinbar gegenseitig zu überbieten trachten, ist seine Sache nicht. Freimütig räumt Silver daher ein: »Nützlich ist der Begriff ›Präembryo‹ auf der politischen Bühne – dort, wo die Entscheidungen fallen, ob man Versuche an frühen Embryonen (nunmehr als Präembryonen bezeichnet) gestatten soll – oder auch innerhalb der engen vier Wände einer Arztpraxis, wo er überaus handlich ist, um die moralischen Bedenken zu zerstreuen, die eine IVF-Patientin möglicherweise hegen könnte. ›Keine Sorge‹, wird der Arzt vielleicht beruhigend sagen, ›es sind nur Präembryonen, die wir hier einfrieren, beziehungsweise an denen wir unsere Manipulationen durchführen. Sie werden erst dann zu *richtigen* menschlichen Embryonen, wenn wir sie in Ihren Körper zurückverpflanzen.‹«[11]

Tatsächlich könne davon jedoch keine Rede sein. »Es gibt keinen speziellen Abschnitt im Entwicklungsprozess, der wichtiger ist als ein anderer; sie sind alle Teil eines kontinuierlichen Vorgangs«, zitiert Silver zustimmend den Bericht einer Kommission, die im Auftrag der britischen Regierung die künstliche Befruchtung bewerten sollte.[12]

Welche Kreativität dagegen die Forscher hierzulande freisetzen, wenn es darum geht, den Embryo gedanklich so zu begreifen, dass er sich durch das engmaschige Netz des deutschen Embryonenschutzgesetzes hindurchmogeln lässt, belegt die jüngste Stellungnahme der Deutschen Forschungsgemeinschaft (DFG) »Stammzellforschung in Deutschland – Möglichkeiten und Perspektiven«. Geradeso als wolle sie der Politik zu verstehen geben, dass sie nur noch wählen brauche, auf welchem Weg der Embryo vogelfrei in der Petrischale zu liegen kommt, komprimiert die DFG im Kapitel »Begriff des Embryos« die unterschiedlichen Ansätze auf fünf des insgesamt 81 Seiten umfassenden Papiers.

Dabei gibt sich die DFG zunächst durchaus großzügig: »Da die sprachliche Festlegung, die hier angesichts neuer reproduktionsmedizinischer Möglichkeiten zu treffen ist, häufig bereits als normative Weichenstellung oder ›Trickserei‹ verstanden wird, plädiert die DFG für einen sehr weiten Begriff von (menschlichem) Embryo.« Die Autoren schlagen vor, unter »Embryo« alles zu subsumieren, »was sich unter normalen reproduktiven Bedingungen zu einem lebensfähigen Kind entwickeln oder auch nur erste Schritte dieser Entwicklung durchlaufen könnte.«[13] Doch wenige Sätze weiter heißt es, »ein derart weiter Embryonenbegriff« dürfe nicht so missverstanden werden, »als sei jedes darunterfallende Gebilde gleichermaßen schützenswert«.[14] Hier wird deutlich, dass die DFG keineswegs bereit ist, nach dem Motto »in dubio pro embryo« zu verfahren, sondern eine scheinbar reine Weste einem reinen Gewissen vorzieht.

In der Folge listet das Papier die Argumente auf, die von den Befürwortern und Gegnern des Embryonenschutzes ins Feld geführt werden. Obwohl hierbei der Eindruck erweckt wird, als referiere die DFG nur den Stand der Diskussion, ist doch unübersehbar, welches Lager die Sympathie der DFG besitzt und welches nicht. So sticht ins Auge, dass jene, die glauben, für den geltenden Embryonenschutz überzeugende Argumente vorbringen zu können, alle namenlos und insofern nicht wirklich existent zu sein scheinen. Namentliche Erwähnung finden in dem DFG-Papier nur solche Wissenschaftler, die den Schutz, den das Embryonenschutzgesetz dem Embryo außerhalb des Mutterleibes sichert, entweder für gänzlich verfehlt oder aber für erheblich zu hoch angesetzt erachten. Alle anderen – so soll dem Leser des DFG-Papiers offenbar bedeutet werden – scheinen derart unbedeutend zu sein, dass es ausreicht, ihre Positionen, die sich in dem Papier völlig unterrepräsentiert finden, nur anzudeuten.

Überdies scheinen die Autoren des Papiers der Ansicht zu sein, sperrige Argumente könnten bei Bedarf schon einmal unter den Tisch fallen. Nachdem sie sich darüber ausgelassen haben, welche Szenarien Wissenschaftler mittlerweile ausgeheckt haben, um den Embryo so zu manipulieren, dass er durch das Raster des Embryonenschutzgesetzes fallen könnte, erklären sie beinahe feierlich, dass manipulierten Embryonen »ein Schutz- und Würdestatus nicht mit den herkömmlichen Argumenten der Kontinuität, Identität und vor allem Potenzialität zugeschrieben werden« könne.[15]

Aber selbst wenn dies zuträfe, wären damit nur drei der vier so genannten SKIP-Argumente eliminiert worden. Es bliebe das Spezies-Argument, welches das Papier auch zuvor erwähnt, übrig. Es besagt, dass jedes Mitglied der Spezies Mensch die menschliche Würde allein aufgrund seiner Zugehörigkeit zur Spezies Mensch unverlierbar besitzt. Weil jeder menschliche Embryo von Anfang an zur Spezies Mensch gehört, hat auch jeder menschliche Embryo Würde. Ein manipulierter menschlicher Embryo bildet weder eine neue Spezies noch verliert er seine Zugehörigkeit zur Spezies Mensch. Er ist schlicht und einfach ein manipulierter Embryo der Spezies Mensch. Erstaunlicherweise taucht das Spezies-Argument jedoch, nachdem die Autoren die übrigen drei Argumente für erledigt erklären, einfach nicht mehr auf.

»Aus ethischer Sicht« spiele es »keine entscheidende Rolle«, wie »ein Embryo zustande« gekommen sei, erklärt der Heidelberger Medizinethiker Axel W. Bauer. Dass die DFG »den Embryo in ihrer Stellungnahme neu zu definieren suche«, zeige, dass »Biopolitik immer auch Sprachpolitik« sei. »Dem Versuch, dem Embryo, der für die Forscher interessant ist, die Schutzwürdigkeit abzusprechen«, sei »mit Entschiedenheit entgegenzutreten«. »Denn die Würde des Menschen bleibt«, so Bauer weiter, »nur dann unangetastet, wenn auch der Begriff des Embryos ein möglichst unfassender ist.«[16]

Demgegenüber setzt die Biopolitik auf die Interessen einiger weniger. Die Mehrheit der Menschen hat andere Interessen. Sobald man den Menschen die Wahrheit sagt, anstatt sie mit Sprachlist hinter die Fichte zu führen, teilen sie mehrheitlich die Ansichten derjenigen, die von den Propheten der »Kultur des Todes« als »Fundamentalisten« verunglimpft werden.

Beispiel USA: Laut einer repräsentativen Umfrage, die im Jahr 2006 von der katholischen Bischofskonferenz in den Vereinigten Staaten in Auftrag gegeben wurde, lehnen 56,8 Prozent der amerikanischen Bürger Methoden zur Gewinnung von Stammzellen ab, bei denen Embryonen getötet werden. Nur 23,6 Prozent plädieren dafür, Wissenschaftler sollten sämtliche Methoden der Stammzellforschung nutzen dürfen. 81,2 Prozent der Befragten lehnen zudem das Klonen menschlicher Embryonen zu Forschungszwecken ab. Befürwortet wird das Klonen menschlicher Embryonen mit therapeutischer Zielsetzung lediglich noch von 11,4 Prozent. Das ist nur wenig mehr als der Anteil derjenigen, die auch das Klonen von Menschen zu reproduktiven Zwecken (9,7 Prozent) befürworten.[17]

Ähnlich denken die Menschen auch hierzulande. Mehr als die Hälfte der Deutschen (56,3 Prozent) wünschen, dass sich die Wissenschaft ausschließlich auf die Forschung mit adulten Stammzellen konzentriert. Zwei Drittel (66,5 Prozent) halten es für »richtig«, dass in Deutschland »keine menschlichen Embryonen zu Forschungszwecken erzeugt und zerstört werden« dürfen. Das sind die beiden wichtigsten Ergebnisse einer bundesweiten Umfrage, die das Meinungsforschungsinstitut TNS Infratest Anfang 2007 im Auftrag des Bundesverbands Lebensrecht (BVL) durchgeführt hat.[18]

Die Umfrage zeigt auch, dass Frauen die embryonale Stammzellforschung weit mehr ablehnen als Männer: Während 46,5 Prozent der Männer für eine Beschränkung der Forschung auf die adulte Stammzellforschung eintreten, befürworten 41,4 Prozent von ihnen eine Erforschung von adulten und embryonalen Stammzellen. Bei den Frauen sind das nur 26,4 Prozent. Dagegen fordern 63,7 Prozent der Frauen, die als potenzielle Spenderinnen von Eizellen und Empfängerinnen künstlich erzeugter Embryonen vermutlich sensibler sind, eine Eingrenzung der Forschung auf die adulte Stammzellforschung, bei der keine menschlichen Embryonen erzeugt und zerstört werden.

Ein ähnliches Bild zeigt sich, wenn es um das bestehende Embryonenschutzgesetz geht. Hier befürworten fast drei Viertel (73,8 Prozent) der Frauen das geltende Gesetz, »das es verbietet, einen menschlichen Embryo für einen wissenschaftlichen oder medizinischen Zweck zu verwenden, der nicht dem Leben des Embryos dient«. Bei Männern stößt das Embryonenschutzgesetz mit 56,9 Prozent auf Zustimmung.[19] Die Ablehnung der embryonalen Stammzellforschung zieht sich durch alle Altersgruppen. Selbst bei den Senioren (60 Jahre und älter), die am ehesten hoffen könnten, von einer Therapie mit embryonalen Stammzellen zu profitieren, befürworten nur 33,6 Prozent die embryonale Stammzellforschung. 50,2 Prozent wollen, dass sich die Forschung ausschließlich auf die Arbeit mit körpereigenen Stammzellen beschränkt.

»Wer für die embryonale Stammzellforschung eintritt, der muss sich darüber im Klaren sein, dass er eine Politik macht, die gegen das steht, was die Mehrheit der Bevölkerung für richtig hält«, fasste die Vorsitzende des BVL, Claudia Kaminski, die Ergebnisse der Umfrage bei der Präsentation vor Journalisten in Berlin zusammen.[20]

Eine Woche nach der Veröffentlichung der Umfrage beschäftigte sich der Deutsche Bundestag mit dem Stammzellgesetz. Die FDP hatte einen Antrag eingebracht, der den DFG-Forderungen nachkam und die Abschaffung der so genannten Stichtagsregelung forderte. Zuvor hatte die technologiepolitische Sprecherin der Liberalen, Ulrike Flach, die BVL-Umfrage als »interessant, aber nicht politikführend« bezeichnet. Statt den Antrag in erster Lesung zu beraten, entschieden die Parlamentarier jedoch, die Reden der Abgeordneten zu Protokoll zu gegeben. In ihrem Redetext führt Frau Flach anspielend auf die BVL-Unfrage für die FDP aus: »Es ist immer eine Frage der Fragestellung. Wenn Sie fragen: Wollen Sie, dass Embryonen für die Forschung getötet werden, werden Sie ein überwiegendes Nein bekommen. Wenn Sie fragen: Wollen Sie, dass embryonale Stammzellen für die Therapie schwerstkranker Menschen genutzt werden können, werden Sie ein überwiegendes Ja bekommen.«[21]

Abgesehen davon, dass in der BVL-Umfrage das Wort Töten gar nicht vorkommt, schlug Frau Flach also nicht weniger vor, als den Bürgern wesentliche Fakten vorzuenthalten, um die »richtige« Antwort zu bekommen: Verschwiegen werden soll offensichtlich, dass embryonale Stammzellen aus Embryonen gewonnen werden und dass diese dabei zerstört werden.

Es reiche nicht, formulierte einmal der Nationalökonom und Mitbegründer der Soziologie in Deutschland, Max Weber, mit Blick auf die Handelnden in Politik und Gesellschaft, die Wahrheit zu kennen. Man müsse sie auch wollen.[22] Die Art und Weise, wie die Biopolitik als Sprachpolitik betrieben wird, lässt nur einen Schluss zu: Weite Teile der »Science Community« und der Politik wollen die Wahrheit nicht. Sehen wir uns deshalb nun an, welche Konsequenzen eine solche Weigerung gebiert.

---

1 vgl. Wrede, Rudolf: Worte des Konfuzius, München 1942. S. 86. Konfuzius selbst hat kein schriftliches Werk hinterlassen. Seine Schüler hielten die Lehren ihres Meisters jedoch im »Buch der Gespräche« fest.

2 vgl. »Biologists want to drop the word ›cloning‹.« New Scientist v. 21. 10. 2006.

3 »Alle Quellen, alle.« Frankfurter Allgemeine Zeitung v. 24. 2. 2003.

4 ebenda

5 vgl. Johannes Paul II.: Evangelium Vitae, 1995. In der Enzyklika spricht

Papst Johannes Paul II. an mehreren Stellen von der »Kultur des Todes«, die im Gegensatz zu einer »Kultur des Lebens« stehe und prägte so den Begriff.

6 vgl. »Lasst euch in die Tasche lügen.« Die Tagespost v. 27. 2. 2003.

7 vgl. European Society of Human Reproduction (ESHRE) Preimplantation Genetic Diagnosis Consortium: data collection III (May 2001) In: Human Reproduction, (2002) 17, S. 233–246. Hier S. 236 (Tabelle VIII), S. 241 (Tabelle XII bzw. XIII).

8 Rehder, Stefan: Vorsicht Falle. In: LebensForum (2005) Nr. 75. S. 25–29.

9 vgl. z.B. Spieker, Manfred: Der verleugnete Rechtsstaat. Anmerkungen zur Kultur des Todes in Europa. Paderborn 2005. S. 74.

10 Silver, Lee M.: Das geklonte Paradies. Künstliche Zeugung und Lebensdesign im neuen Jahrtausend. München 1998. S. 58.

11 ebenda S. 59 (Hervorhebung wie im zitierten Text).

12 ebenda

13 Stammzellforschung in Deutschland – Möglichkeiten und Perspektiven. Stellungnahme der Deutschen Forschungsgesellschaft Oktober 2006. S. 45.

14 ebenda S. 46.

15 ebenda S. 49.

16 »Dann würde das Stammzellgesetz zur Farce.« Die Tagespost v. 14. 11. 2006.

17 vgl. http//www.usccb.org/comm/archives/2006/06-109.shtml

18 vgl. Pressemitteilung des Bundesverbands Lebensrecht (BVL) v. 25. 1. 2007.

19 ebenda

20 ebenda

21 vgl. Deutscher Bundestag: Plenarprotokoll 16/79 Stenografischer Bericht. 79. Sitzung am 1. 2. 2007. S. 7940.

22 vgl. Liminski, Jürgen: Die Medien und der Mythos von der Wahrheit. In: Rehder, Stefan / Wolff Matthias (Hrsg.): Der Wahrheit verpflichtet. Würzburg 1998. S. 49 – 69. Hier S. 67.

»Die Wissenschaftler bemühen sich, das Unmögliche möglich zu machen. Die Politiker bemühen sich oft, das Mögliche unmöglich zu machen.«

BERTRAND RUSSELL

KAPITEL 14

Die absichtlich vergebene Chance

Weshalb die Anti-Klon-Konvention der Vereinten Nationen ausgerechnet an Deutschland scheiterte

Der französische Lyriker und Essayist Paul Valéry (1871 bis 1945) muss sich geirrt haben. Wäre Politik, wie Valéry meinte, tatsächlich »die Kunst, das Notwendige zu ermöglichen«, so hätten viele Politiker ihren Beruf wohl gründlich verfehlt. Zwar könnten auch sie für sich in Anspruch nehmen, dass Meister nicht vom Himmel fallen. Doch hätte Valéry recht, müsste sich zumindest ein entsprechendes Bemühen beobachten lassen. Mühelos lassen sich hingegen Belege für eine These von Valérys Zeitgenossen Bertrand Russell (1872 bis 1970) finden. Der britische Mathematiker und Philosoph verfasste 1955 zusammen mit Albert Einstein das Russell-Einstein-Manifest, das den Grundstein für die Pugwash-Konferenz lieferte, die wiederum entscheidenden Anteil am Zustandekommen des Atomwaffensperrvertrags im Jahr 1963 besaß. Den Berufstand der Politiker, mit dem Russell dabei zusammentraf, charakterisierte er so: »Politiker bemühen sich oft, das Mögliche unmöglich zu machen.«

Ein markantes Beispiel dafür lieferten die Verhandlungen

der Vereinten Nationen über eine Anti-Klon-Konvention. Als die UN-Vollversammlung am 8. März 2005 in New York mit 89 Ja-, gegen 34 Neinstimmen bei 38 Enthaltungen die Deklaration A/59/516/Add.1 verabschiedete, konnte jeder der Anwesenden wissen, dass mehr möglich gewesen wäre als das, worauf sich die Vertreter der 191 Staaten schließlich einigten. Dass es dazu nicht kam, verdanken die Klonforscher ausgerechnet dem Staat, der über das strengste Gesetzeswerk zum Schutz künstlich erzeugter Embryonen verfügte: der Bundesrepublik Deutschland.

Nachdem der US-amerikanische Klonforscher Panayiotis Zavos und der italienische Reproduktionsmediziner Severino Antinori Anfang 2001 angekündigt hatten, Menschen klonen zu wollen, um unfruchtbaren Paaren zu Nachwuchs zu verhelfen, nutzte der damalige deutsche Außenminister Joseph Fischer die Gunst der Stunde und rief gemeinsam mit seinem französischen Amtskollegen Hubert Vedrine am 21. Juni 2001 eine Initiative für ein weltweites Klonverbot ins Leben. Am 12. Dezember richtete die Vollversammlung der Vereinten Nationen einen Ad-hoc-Ausschuss ein und beauftragte ihn damit, die Möglichkeiten zur Erarbeitung einer internationalen Konvention zum Verbot des reproduktiven Klonens von Menschen zu prüfen.[1]

Als im Frühjahr 2002 die Verhandlungen in New York begannen, zeichnete sich schnell ab, dass nicht nur eine Mehrheit der 191 Mitglieder für ein solches Verbot zu gewinnen war, sondern auch, dass zahlreiche Staaten – darunter die Vereinigten Staaten von Amerika, Italien, Portugal, Norwegen und Spanien – nach mehr strebten: Statt nur das reproduktive Klonen zu ächten, wollten diese Staaten jede Form des Klonens beim Menschen bannen.

Aus gutem Grund: Da das Verfahren sowohl beim reproduktiven als auch beim so genannten therapeutischen Klonen das Gleiche ist und sich beide Formen nur hinsichtlich des mit ihnen verfolgten Zwecks unterscheiden, erschien es vielen Staaten sinnlos, nur eine Form zu verbieten. Ihre Argumente waren die gleichen, die überall gegen eine Aufspaltung des Klonens in ein verwerfliches reproduktives und ein lobenswertes therapeutisches geltend gemacht werden. Sie lauten: Wer einen menschlichen Embryo durch Klonen herstellen kann, kann ihn anschließend auch in die Gebärmutter einer Frau transferieren, wenn diese es wünscht. Daher führt eine Zulassung des Klonens zu therapeutischen Zwecken über kurz oder lang auch zum reproduktiven Klonen. Zudem widerspricht es der Würde des Menschen, menschliche Embryonen zu erzeugen, um sie im Anschluss als Rohstofflieferanten auszuschlachten. Und schließlich: Da sowohl für das therapeutische Klonen als auch für das reproduktive Klonen jeweils Unmengen an Eizellen benötigt werden, führt jede Form des Klonens unweigerlich zur Ausbeutung von Frauen.

Obwohl auch die deutsche Rechtslage keine Unterscheidung zwischen dem Klonen zu Fortpflanzungszwecken und dem Klonen zur Erzeugung von Rohstofflieferanten macht, fanden die Befürworter eines totalen Klonverbots in der deutschen UN-Delegation keinen Verbündeten. Im Gegenteil: Im Oktober desselben Jahres griff der Sprecher der deutschen Delegation, Christian Much, die USA in New York scharf an und warf ihnen vor, mit ihrem Eintreten für ein umfassendes Klonverbot die Verhandlungen insgesamt zum Scheitern bringen zu wollen. [2] Damit nicht genug, brachte Much die USA auch noch mit der obskuren Sekte der Raelianer in Verbindung, deren weibliche Mitglieder sich anboten, die von Zavos und Antinori angekündigten Klone auszutragen.[3] Kurz darauf zirkulierte in Deutschland die Geschichte von der »Giftpille«. So wird in den USA eine Verhandlungstaktik genannt, bei der man versucht, unliebsame mehrheitsfähige Gesetzesentwürfe so lange durch Änderungsanträge zu verschärfen, bis nur noch eine Minderheit an ihnen festhält.[4]

In diesem Fall ein absurder Vorwurf. Denn das US-amerikanische Repräsentantenhaus hatte bereits im Juli 2001 ein totales Klonverbot verabschiedet. Der Gesetzentwurf sah nicht nur vor, Verstöße gegen das Klonverbot mit Gefängnisstrafen von bis zu zehn Jahren und Geldstrafen in Millionenhöhe zu ahnden. Mit ihm beabsichtigten die Abgeordneten ferner, Präparate mit einem Einfuhrverbot zu belegen, bei deren Herstellung das Klonen menschlicher Embryonen eine Rolle spielte. Die Demokraten blockierten den Entwurf jedoch anschließend im Senat. Eine umfassende Anti-Klonkonvention der Vereinten Nationen hätte daher dem Republikaner Bush im Ringen mit dem von den Demokraten dominierten Senat den Rücken gestärkt. Umgekehrt wäre eine UN-Konvention, die nur das reproduktive Klonen verboten hätte, Wasser auf die Mühlen des damaligen deutschen Kanzlers gewesen, der die Biopolitik zur »Chefsache« erklärt hatte und sich für eine Liberalisierung des Embryonenschutzgesetzes stark machte.[5]

Wie absurd der Giftpillenvorwurf der Deutschen war, sieht man auch daran, wie ernst die Klonforscher die Positionierung der Bush-Regierung in dieser Frage nahmen. Der in den USA forschende deutschstämmige Klonforscher Rudolf Jaenisch, der zu den engagiertesten Verfechtern des so genannten therapeutischen Klonens zählt, machte sich bereits öffentlich Gedanken über das Kofferpacken. Gegenüber der »Neuen Zürcher Zeitung« gab er zu Protokoll: »Bush macht in völlig unzulässiger Weise die Frage des Klonens zur Abtreibungsfrage, obwohl es sich dabei um etwas völlig anderes handelt.

(...) Würde ein totales Klonverbot, das auch das therapeutische umfassen würde, in den USA in Kraft treten, käme es wohl zu einer Abwanderung der Stammzellforschung. Denn das therapeutische Potenzial der Forschung an embryonalen Stammzellen ist enorm. Und damit verbunden ist auch das therapeutische Klonen.«[6]

Dass die deutsche Delegation bei den Verhandlungen in New York gar nicht daran dachte, sich für eine Ächtung sämtlicher Formen des Klonens beim Menschen einzusetzen, erregte schon bald das Missfallen des Deutschen Bundestags. Bereits einen Monat nach Aufnahme der Verhandlungen forderten die Gentechnik-Experten von CDU/CSU, SPD, Bündnis 90/Die Grünen und PDS die zuständigen Fachminister Josef Fischer (Außenamt) und Edelgard Bulmahn (Forschung) auf, ein totales Klonverbot zu unterstützen.[7]

Im Sommer 2002 kondensierte der Unmut der Volksvertreter zum ersten Mal in zwei Anträgen; einem schnörkellosen der Union[8] und einem der Koalitionsfraktionen von SPD und Grünen.[9] Während die CDU/CSU-Fraktion forderte, die Bundesregierung solle sich dem Vorstoß der US-Delegation anschließen, ließ der am 4. Juli vom Deutschen Bundestag angenommene Antrag der Regierungsfraktionen der Bundesregierung mehr Spielräume. Aber auch er verlangte von der Bundesregierung, in New York »ihre Ablehnung jeglicher Form des Klonens menschlicher Embryonen zum Ausdruck zu bringen« und sich »für ein weltweit gültiges Rechtsinstrument zum Verbot jeglicher Form des Klonens menschlicher Embryonen, einschließlich des ›therapeutischen Klonens‹ einzusetzen«.[10]

Trotz des unmissverständlichen Auftrags des Bundestags sorgte das Verhalten der deutschen UN-Delegation weiter für erhebliche Irritationen. Der CDU-Bundestagsabgeordnete

Hubert Hüppe warf der Bundesregierung schließlich vor, »alles unternommen« zu haben, um »den spanischen Vorschlag zu verhindern und zu desavouieren«.[11] Im Herbst 2002 hatten sich hinter einen von Spanien, den USA und den Philippinen gemeinsam eingebrachten Antrag für eine Konvention, die ein totales Klonverbot vorsah, insgesamt 36 Staaten geschart. Dagegen brachte der deutsch-französische Antrag, der zunächst nur das reproduktive Klonen bannen wollte, nur 15 weitere Staaten hinter sich. Als sich abzeichnete, dass das Lager derjenigen Staaten, welche für ein totales Klonverbot eintraten, immer größer wurde, bemühte sich Deutschland, eine Kampfabstimmung über beide Entwürfe zu verhindern.[12] Schließlich brachte der Iran im Namen der Organisation der islamischen Konferenz (OIC) einen Antrag auf Vertagung in die Verhandlungen ein, der am 6. November 2002 mit 80 zu 79 denkbar knapp angenommen wurde. Auch Deutschland stimmte für die Vertagung.[13]

Ohne die Vertagung hätte sich die von Deutschland gefürchtete Kampfabstimmung nicht vermeiden lassen. Weil diese mit an Sicherheit grenzender Wahrscheinlichkeit für die Befürworter eines totalen Klonverbots ausgegangen wäre, mag es vielleicht zugespitzt erscheinen, wenn Alexander Kissler in »Der geklonte Mensch« schreibt, »am 6. November 2002 scheiterte ein totales Klon-Verbot an einer einzigen Stimme – an jener von Deutschland«.[14] Falsch ist es nicht.

In Deutschland sorgte das Bekanntwerden des deutschen Abstimmungsverhaltens für neuen Zwist. Noch vor der Wiederaufnahme der Verhandlungen über eine Anti-Klon-Konvention der Vereinten Nationen im Herbst 2003 erhöhte der Deutsche Bundestag den Druck auf die Bundesregierung merklich. Nachdem sich SPD und Grüne mit der Union auf einen gemeinsamen Antrag geeinigt hatten, verabschiedete der Bundestag diesen am 20. Februar 2003 mit überwältigender Mehrheit. Darin forderten die Volksvertreter die Bundesregierung nun auf, »eine UN-Konvention und weitere internationale Konventionen anzustreben, die sowohl das reproduktive wie das so genannte therapeutische Klonen verbieten und darauf zielen, möglichst viele Staaten für solche Konventionen zu gewinnen« und »insbesondere die deutsch-französische Initiative aktiv in Richtung eines umfassenden Klonverbots von Menschen und menschlichen Embryonen weiterzuentwickeln«.[15] Wie ernst die damalige Regierung das Parlament nahm, zeigt die Tatsache, dass weder Bundeskanzler Schröder, noch Forschungsministerin Bulmahn, noch Gesundheitsministerin Ulla Schmidt der Sitzung beiwohnten.[16]

Bei der Wiederaufnahme der Verhandlungen im Herbst 2003 kam es dann zu einem weiteren Zwischenfall. Im Vorfeld hatte die Bundesregierung durch die Staatministerin im Auswärtigen Amt, Kirsten Müller (Bündnis 90/Die Grünen), verkündet, sie arbeite an einer neuen Strategie. Diese solle den Staaten, die ein totales Klonverbot ablehnten, eine »Brücke« bauen. Auch ließ der deutsche Verhandlungsführer zu Beginn der neuen Verhandlungsrunde Ende September in New York erstmals erkennen, dass Deutschland ein völliges Klonverbot im Grundsatz begrüßen würde[17]. In der Sache hintertrieb Deutschland jedoch nach wie vor eine Einigung auf eine Konvention, welche ein umfassendes Klonverbot erstrebte. Anfang Oktober tauchte in Deutschland ein Papier auf, das mit dem Titel »French-German non-paper« überschrieben war. Unter einem »non-paper« wird ein Papier verstanden, das kein offizielles sein will, in dem aber inoffiziell Klartext geredet wird und das deshalb von jedermann als höchst offiziös betrachtet werden muss. Darin wurde erneut vorgeschlagen, in der Konvention nur das reproduktive Klonen zu ächten. Die Regelung aller übrigen Formen des Klonens sollte dagegen den Mitgliedsstaaten überlassen bleiben.[18]

Die neue deutsche Strategie war im Wesentlichen die alte geblieben, weshalb nicht wenige Abgeordnete sich verschaukelt fühlten und von einer »Missachtung« des Parlaments sprachen.[19] Darüber hinaus waren die Diplomaten auch noch so unvorsichtig, zwei Versionen des Non-papers in Umlauf zu bringen. Während in der in Deutschland zirkulierenden Version des Non-papers im letzten Satz noch auf einen angeblich angehängten Entwurf für eine Resolution verwiesen wurde, fehlte in der in New York verteilten Version nicht nur der Resolutionstext selbst, sondern auch der Hinweis darauf.[20] Dafür legten am 2. Oktober 2003 Belgien, China, Großbritannien, Schweden, Singapur und neun weitere Staaten einen Resolutionstext vor, der sich in den entscheidenden Punkten wie eine Kopie des deutsch-französischen Non-papers las. Er sah vor, nur das reproduktive Klonen weltweit zu ächten. Alle andere Formen des Klonens sollten durch die Mitgliedsstaaten selbst geregelt werden: durch Verbot, durch Verhängung eines Moratoriums oder auf ganz andere Weise. Wobei Letzteres selbstverständlich auch eine Erlaubnis eingeschlossen hätte.[21] Auf der anderen Seite hatten sich inzwischen 53 Staaten hinter einen von Costa Rica eingebrachten Entwurf gestellt, der ein umfassendes Klonverbot forderte.[22] Nachdem das Non-paper und die von Belgien eingebrachte Resolution die deutsche Absicht offenbar gemacht hatten, forderte der Botschafter der USA bei den Vereinten Nationen, John Negroponte, die Bundesregierung öffentlich dazu auf, sich einer Initiative für ein totales Klon-Verbot anzuschließen. In Deutschland sei jede Form des Klonens bereits streng verboten. »Wir würden es sehr begrüßen, wenn die deutsche Regierung auch bei den Vereinten Nationen ihre Unterstützung für ein umfassendes internationales Verbot zum Ausdruck bringen würde.«[23] Der Diplomat ließ ferner durchblicken, dass er für das Vorhaben der Deutschen, erneut unter allen Umständen eine Kampfabstimmung zu vermeiden, kein Verständnis habe. »Ein Konsens ist bei solchen Verhandlungen immer besser, aber wir sollten uns nicht vor harten Fragen drücken, nur weil sie kontrovers sind.« Es sei schwer, »sich in dieser Frage einen Kompromiss vorzustellen. Jeder muss sich entweder dafür oder dagegen entscheiden«.[24]

Am 16. Oktober beschäftigte das Non-paper auch den Deutschen Bundestag. In der Debatte verteidigte zunächst Staatsministerin Müller das Vorgehen der Bundesregierung: Die Regierung habe »alles unternommen«, um den Beschluss des Bundestags »konsequent umzusetzen«, versicherte Müller. Allerdings sei eine Konvention, die nicht auch von »den wichtigsten Klonforschungsstaaten« unterstützt wird, »zahnlos und nicht effektiv«. »Das wäre wie der Abschluss eines Atomwaffensperrvertrags ohne die Nuklearstaaten.« Der Entwurf von Costa Rica entspreche zwar »in der Substanz« auch der deutschen Überzeugung. Doch könne man sich mit ihm nicht einverstanden erklären, da er von den »meisten biotechnologisch wichtigen Staaten« abgelehnt werde.[25] Die Redner der Union griffen das von Müller ins Feld geführte Beispiel dankbar auf. Die stellvertretende Vorsitzende der CDU/CSU-Bundestagsfraktion Maria Böhmer (CDU) erinnerte daran, dass der Atomwaffensperrvertrag anfangs nur von 43 Staaten ratifiziert worden sei. Heute gebe es »178 Signatarstaaten«.[26] Der CDU-Abgeordnete Hüppe verwies darauf, dass eine »echte Antiklonkonvention« vor allem »maßgebliche Absatzmärkte für Produkte aus geklonten Embryonen versperren« würde. »Mögliche Investoren würden sich mit ihrem Kapital einem anderen Bereich der Biotechnologie zuwenden.«[27]

Glaubt man Douglas Sylva, dem Vizepräsidenten des »Katholischen Instituts für Familien- und Menschenrechte« bei den Vereinten Nationen (C-FAM), dann ging es genau darum bei den Verhandlungen in New York. »Lobbyisten der Bioindustrie versuchen mit allen Mitteln, therapeutisches Klonen von einem Verbot auszuschließen, da mit Embryonenpatenten Millionengeschäfte gemacht werden könnten«,[28] sagt Sylva. In Fragen des Lebensschutzes gilt die Nichtregierungsorganisation als die einflussreichste in ganz New York. »Sie ist es, die die Musik macht«, wird der Attaché des Heiligen Stuhls bei den Vereinten Nationen, Monsignore James Reinert, zitiert.[29] Das war auch bei den Verhandlungen über eine Anti-Klonkonvention nicht anders. In seinem Mitteilungsdienst »Friday Fax«, meldete das »Catholic Family and Human Rights Institute« unter Berufung auf Teilnehmer der Sitzung, der Leiter der deutschen Delegation vertrete in New York eine dem offiziellen deutschen Standpunkt entgegengesetzte Position. So habe Much im Verlauf einer informellen Verhandlungsrunde erklärt, ein umfassendes Klonverbot durch eine UN-Resolution verstoße gegen bundesdeutsches Recht, da das Verbot des so genannten therapeutischen Klonens zu medizinischen und zu Forschungszwecken einer unterlassenen Hilfeleistung gleichkomme und demzufolge eine kriminelle Handlung darstelle.[30] Das Auswärtige Amt bestritt später nachdrücklich, dass Much die ihm zugeschriebenen Äußerungen gemacht habe.[31]

Unbestritten ist, dass Deutschland als Mit-Initiator und als Hochtechnologieland mit strengen gesetzlichen Regelungen eine Schlüsselposition bei den Verhandlungen in New York zukam. Wäre Deutschland offensiv für das totale Klonverbot eingetreten, hätte es nicht nur Werbung für den Export des deutschen Embryonenschutzgesetzes betrieben; bei den Verhandlungen in New York wäre auch mehr herausgesprungen als die völkerrechtlich unverbindliche Deklaration, auf die sich die Weltgemeinschaft am Ende mehrheitlich einigte.

Unglücklicherweise wurde es jedoch von einem Kanzler regiert, der von grundsätzlichen Verboten auf dem Feld der Gentechnik überhaupt nicht viel hielt und deshalb auch mit dem geltenden deutschen Recht haderte.[32] So äußerte Schröder am 30. September 2003 im Berliner Konzerthaus vor der Wissenschaftsgesellschaft »acatech«, dass in der Stammzellforschung »nicht alles so geregelt ist, wie es geregelt werden müsste, wenn wir die Chancen, die in der Biotechnologie liegen, wahrnehmen wollen«.[33] Wer zweifelte, ob dies auch das Klonen menschlicher Embryonen einschloss, den belehrte der Kanzler spätestens in seiner Regierungserklärung vom 17. März 2005, neun Tage nachdem die Generalversammlung der Vereinten Nationen die Deklaration A/59/516/Add.1 angenommen hatte. Während die Weltgemeinschaft in ihrer Deklaration alle Staaten aufforderte, sowohl das reproduktive als auch das Klonen zu Forschungszwecken durch entsprechende nationale Gesetze zu verbieten, und dies damit begründete, dass beide Formen des Klonens von Menschen »unvereinbar mit der Menschenwürde und dem Schutz menschlichen Lebens«[34] seien, sagte Schröder vor dem Deutschen Bundestag: »Ich erinnere an die Debatten zum therapeutischen Klonen hier im Deutschen Bundestag, wo ich quer durch alle Fraktionen des Deutschen Bundestages – ich sage das mit allem Respekt – ein Maß an Zurückhaltung erlebt habe, das ich jedenfalls nicht für richtig halten konnte.«[35]

---

1 Graf, Roland: Fakten zum Scheitern der UN-Klonkonvention. In: LebensForum (2003) Nr. 68. S. 10–13. Hier S. 10.
2 vgl. ebenda. Vgl. auch »Deutscher Delegationsleiter brüskiert USA bei den

UN.« Pressemitteilung des CDU-Bundestagsabgeordneten Hubert Hüppe v. 21. 10. 2002.

3 vgl. www.germany-info.org/UN/much_10_17_02.html

4 vgl. »Alles oder nichts.« Der Tagesspiegel v. 1. 11. 2002.

5 vgl. Schröder, Gerhard: »Der neue Mensch«. Beitrag zur Gentechnik von Bundeskanzler Schröder. Die Woche v. 20.12.2000. Vgl. auch Rehder, Stefan / Brandmaier, Stefan: Für eine Handvoll Dollar. Schröders biopolitische Wende. In: LebensForum (2001) Nr. 57. S. 7–11. Hier S. 8.

6 vgl. »Diese Embryos würden nie leben.« Neue Zürcher Zeitung v. 25. 5. 2003.

7 vgl. »Unmut über biopolitische Verhandlungen der Regierung.« Berliner Zeitung v. 30. 3. 2002.

8 vgl. Verbot des Klonens menschlicher Embryonen weltweit durchsetzen. BT-Drucksache 14/9537.

9 vgl. Das Klonen menschlicher Embryonen international ächten. BT-Drucksache 14/9682.

10 ebenda

11 vgl. »Vorläufiges Scheitern der UN-Klonkonvention ist zu bedauern.« Pressemitteilung des CDU-Bundestagsabgeordneten Hubert Hüppe v. 8. 11. 2002.

12 vgl. United Nations General Assembly A/C.6/57/L.3/Rev.1.

13vgl. wie Anm. 1 S. 11.

14 Kissler, Alexander: Der geklonte Mensch. Freiburg i. Breisgau 2006. S. 172.

15 Neue Initiative für ein internationales Verbot des Klonens menschlicher Embryonen starten. BT-Drucksache 15/463.

16 vgl. »Tiefer Riss in der deutschen Biopolitik.« Berliner Zeitung v. 21. 2. 2003.

17 »Was heißt schon Bundestagsbeschluss?« Rheinischer Merkur v. 9. 10. 2003.

18 French-German non-paper. Unter Punkt 6 heißt es: »France and Germany wonder whether a consensus could be found on one single convention that would contain the following elements: – reproductive cloning: an obligation on all contracting parties to ban reproductive cloning with no possibility to make any reservations; – other types of cloning: an obligation on all contracting parties to ban or impose a moratorium on other types of cloning or otherwise regulate them by means of national legislation.«

19 vgl. »Es geht um die Menschenwürde.« Die Tagespost v. 16. 10. 2003.

20 vgl. ebenda

21 vgl. United Nations General Assembly A/C.6/59/L.8.

22 vgl. United Nations General Assembly A/C.6/59/L.2.

23 »Amerika fordert deutsche Unterstützung für Klonverbot.« Frankfurter Allgemeine Zeitung v. 28. 10. 2003.

24 ebenda

25 vgl. Deutscher Bundestag: Plenarprotokoll 15/66 S. 5693 f.

26 ebenda S. 5695.

27 ebenda S. 5700.

28 »Einsatz am East River.« Rheinischer Merkur v. 19. 9. 2002.

29 ebenda

30 vgl. »German Delegate Doubts Morality of US Position on Cloning.« Friday Fax, Volume 5, Nr. 43 v. 18. 10. 2002.

31 vgl. http://www.kritische-bioethik.de/Statements_Christian_Much_10-18-02.html.

32 vgl. wie Anm. 5.

33 vgl. »Blühende Laborlandschaften.« Die Tagespost v. 16. 11. 2003.

34 vgl. United Nations General Assembly A/59/516/Add.1.

35 vgl. Deutscher Bundestag: Plenarprotokoll 15/166 S. 15492.

»Hat der alte Hexenmeister
Sich doch einmal wegbegeben!
Und nun sollen seine Geister
Auch nach meinem Willen leben!
Seine Wort' und Werke
Merkt' ich und den Brauch,
Und mit Geistesstärke
Tu' ich Wunder auch.«

JOHANN WOLFGANG VON GOETHE
»Der Zauberlehrling«

KAPITEL 15

Wie der Embryo den Weg ins Labor fand

Warum mit der künstlichen Befruchtung der Rubikon überschritten wurde, und warum wir uns schleunigst auf den Rückweg machen sollten

»Ich bin kein Monster, sondern ganz normal im Bauch meiner Mutter herangewachsen«,[1] betont Louise Brown. Die junge Frau, die heute Mutter eines auf herkömmliche Weise gezeugten Kindes ist, hat recht. Dass bei ihrer eigenen Zeugung der Tierphysiologe Robert Edwards und der Gynäkologe Patrick Steptoe die Hände mit im Spiel hatten, macht sie nicht zu einem menschlichen Ungeheuer. Die eigentlich spannende Frage ist, ob Gleiches auch für Edwards und Steptoe gilt?

Wie beide in »A Matter of Life. The Story of a Medical Breakthrough« schreiben, erwog Robert Edwards im Jahr 1960 zum ersten Mal die Möglichkeit, Menschen im Reagenzglas zu erzeugen.[2] Damals experimentierte der 1925 in

Leeds geborene Tiermediziner im Rahmen seiner Doktorarbeit am Institut für Tiergenetik der Universität Edinburgh mit den Embryonen von Mäusen. Die Erfahrungen, die er dabei sammelte, ließen in ihm die Überzeugung reifen, dass die künstliche Befruchtung auch beim Menschen funktionieren könnte.[3] Um dies zu bestätigen, ließ Edwards so gut wie nichts unversucht: Nachdem er zunächst erfolglos probierte, menschliche Eizellen, die ihm Gynäkologen zur Verfügung stellten, im Labor mit seinem eigenen Sperma zu befruchten,[4] verlegte er die Experimente in den Fortpflanzungstrakt von Tieren. Da er beobachtete, dass die Spermien, die er über die Eizellen schüttete, nicht in diese eindrangen, nahm er an, dass die Spermien im Körper der Frau eine Veränderung erfahren müssen, damit es zu einer Befruchtung kommt.

Auf der Suche nach einer brauchbaren Umgebung transferierte Edwards menschliche Eizellen zunächst in die Eileiter von Kaninchen und injizierte ihnen anschließend menschliche Spermien. Als sich keine Erfolge einstellten, wiederholte er die Versuche mit Rhesusaffen.[5] Als auch diese Experimente nur Misserfolge aufwiesen, suchte er nach einem anderen Weg. Dabei traf er auf den Gynäkologen Patrick Steptoe. Um an menschliche Spermien zu gelangen, die bereits mit dem weiblichen Reproduktionstrakt in Kontakt gekommen waren, konfrontierte Edwards Steptoe mit einem außergewöhnlichen Anliegen: Steptoe sollte Patientinnen, denen eine Entfernung der Gebärmutter bevorstand, darum bitten, am Abend vor der Operation mit ihrem Partner geschlechtlich zu verkehren. In dem herausoperierten Gewebe wollte Edwards dann nach Spermien suchen.[6] Als auch dies zu keinem Ergebnis führte, wandte Edwards sich wieder den Laborschalen zu. Nach zahlreichen Versuchen gelang es ihm, ein passendes Kulturmedium aus einer Mischung aus Kochsalz, Traubenzucker, Follikelflüssigkeit und anderen Zutaten herzustellen. Diese Umgebung befähigte die Spermien tatsächlich, in die Eizellen einzudringen.

1969 publizierte Edwards in der Fachzeitschrift »Nature« die Erfahrungen, die er mit der so genannten In-vitro-Fertilisation (IVF) von 56 Embryonen gesammelt hatte; neun davon wieder einmal mit seinem eigenen Sperma.[7] Um herauszufinden, ob sie sich dort weiterentwickeln würden, transferierte er einige der Embryonen in die Bauchhöhlen von Kaninchen.[8] Bis 1972 übertrug er keine der von ihm erfolgreich befruchteten Eizellen auf Frauen, sondern erforschte stattdessen ihre Chromosomen. Binnen dreier Jahre zerstört Edwards so mehr als 100 Embryonen.[9]

Ab 1972 transferierten Edwards und Steptoe die künstlich erzeugten Embryonen dann auch in die Uteri von Frauen. Laut Martin Spiewak, Redakteur der Wochenzeitung »Die Zeit«, misslangen »mindestens 60 Versuche«, Frauen zu einer Schwangerschaft zu verhelfen, »bevor Lesley Brown das Mutterglück ereilte« und sie ihre Tochter Louise am 25. Juli 1978 um 23:47 Uhr im Royal Oldham Hospital zur Welt brachte.[10]

Mit seinem 2002 erschienenen Buch »Wie weit gehen wir für ein Kind? Im Labyrinth der Fortpflanzungsmedizin« hat Spiewak den ersten und bislang einzigen umfassenden Überblick über das weite Feld der Fortpflanzungsmedizin in deutscher Sprache vorgelegt. »Offiziell«, so Spiewak, »diente jeder Versuch dazu, eine Schwangerschaft herbeizuführen, aber angesichts der minimalen Erfolgsaussichten kann man das Forschungsvorhaben ebenso gut als Menschenversuch bezeichnen.«[11] Dennoch hätten Edwards und Steptoe immer Frauen gefunden, die sich für das Experiment zur Verfügung stellten. Gut möglich, dass es ihnen dabei wie Lesley Brown ging. Die an einem Eileiterverschluss leidende Frau hatte bis zu ihrer Entbindung geglaubt, dass es sich bei der Behandlung, der sie sich unterzog, um eine etablierte Therapie handelte, mit der schon Hunderte Babys erzeugt worden seien. Dass dieses Verfahren zuvor noch nie funktioniert hatte, erfuhr sie erst später.[12]

Die Teilnahme an einem Experiment war jedoch nicht das Einzige, was Steptoe seiner Patientin verheimlichte: In der 16. Schwangerschaftswoche untersuchte er Lesley Browns Fruchtwasser, ohne zuvor ihr Einverständnis eingeholt zu haben. Das Risiko, dass das erste IVF-Kind mit einer Behinderung zur Welt kommen könnte, war Steptoe, der auch Abtreibungen nicht scheute, offenbar zu groß. Da der Test jedoch keine Hinweise auf eine Schädigung des Kindes lieferte, stellte sich im Fall von Louise die Frage einer vorgeburtlichen Kindstötung nicht.[13]

Obwohl seit der Geburt von Louise Brown mittlerweile fast drei Jahrzehnte vergangen sind, muss jedes auf diese Weise erzeugte Kind nach wie vor als ein »medizinisches Wunder« betrachtet werden. »Was wir wissen von der menschlichen Befruchtung, ist rudimentäres Wissen«, räumt Heribert Kentenich, einer der führenden Reproduktionsmediziner in Deutschland, ein.[14] »Also, wenn Sie so in den Bereich der Genetik hineingehen: Was läuft genetisch ab? In welchem Zustand ist die Eizelle genetisch, die Spermien genetisch? Wie kommt das überhaupt, dass eine Spermie hineingeht in die Eizelle und dann macht die Eizelle dicht und lässt die anderen 100 000, die davorliegen, nicht rein? Warum kommen die beiden zusammen? Wie werden die überhaupt gesteuert, dass die Chromosomen sich austauschen können? Wie schafft es der Körper überhaupt, dass dieser Embryo in den meisten Fällen ein normales Chromosomengeschlecht hat – und da nicht irgendetwas Wildes, Chaotisches produziert? – Da haben wir nur sehr wenig Ahnung«, gesteht Kentenich.[15]

Die vielen offenen Fragen haben die Reproduktionsmediziner nicht daran gehindert, auf den von Edwards und Steptoe durchgeführten Experimenten eine ganze Industrie aufzubauen. Kleine Uni-Institute, in denen die Reproduktionsmedizin bis zur Geburt von Louise Brown ein Schattendasein führten, wurden zu riesigen Kliniken ausgebaut, private Praxen schossen wie Pilze aus dem Boden. Allein in den USA beschäftigen sich heute rund 370 Einrichtungen damit, Eltern zu einem Kind zu verhelfen. In Deutschland sind es 110.[16] Während die US-Bürger pro Jahr rund 4 Milliarden Dollar[17] für die Dienste der Babymacher ausgeben, schätzt Spiewak den Umsatz der Reproduktionsmedizin in Deutschland auf rund 300 Millionen Euro. Fest steht: Auf keinem anderen Feld der Medizin verdienen Ärzte soviel Geld wie hier. Ende der 90er Jahre betrug das durchschnittliche Jahreseinkommen von Reproduktionsmedizinern in den USA rund 600 000 Dollar.[18] »IVF-Praktiker, die darüber hinaus noch Anteile an einer Klinik oder gar eine eigene Klinik besitzen, können sogar noch wesentlich höhere Einkommen erwirtschaften«, weiß der Molekularbiologe Lee Silver.[19]

Weil sich niemand das Geschäft mit dem Kinderwunsch verbauen will, werden manche Fragen einfach ausklammert oder nur halbherzig angegangen. So beklagte etwa im Jahr 2004 das Experten-Gremium, das US-Präsident George W. Bush in bioethischen Fragen berät, das Fehlen von Daten, die es erlaubten, sich ein zuverlässiges Bild der möglichen Risiken zu machen, die für Mutter und Kind mit den heute gängigen Verfahren der künstlichen Befruchtung verbunden sein könnten.[20]

Die Daten, die existieren, geben reichlich Anlass zur Besorgnis. Im März 2002 veröffentlichte das »New England Journal of Medicine« eine australische Studie, die sich auf große Fallzahlen stützen konnte. Für sie werteten die Mediziner um Michèle Hansen von der University of Western Australia in Perth Daten der Jahre 1993 bis 1997 aus und verglichen den Gesundheitszustand von 1000 mittels IVF und ICSI erzeugten Kindern mit dem von 4000 natürlich erzeugten Kindern.[21] Bei der Intracytoplasmatischen Spermieninjektion (ICSI) spritzen die Reproduktionsmediziner ein einzelnes Spermium direkt in die Eizelle ein. Die Methode wird vor allem bei Unfruchtbarkeit des Mannes eingesetzt.

Dabei stellten Hansen und ihre Kollegen fest, dass die Fehlbildungsrate von Kindern, die mittels IVF und ICSI erzeugt worden waren, mit 8,6 beziehungsweise mit 9 Prozent mehr als doppelt so hoch war wie bei Kindern, die auf herkömmliche Art gezeugt wurden. Hier betrug der Anteil der dokumentierten Fehlbildungen 4,2 Prozent.

Festgestellt wurden unter anderem schwere Herzfehler, schwere Fehlbildungen des Urogenitalsystems, Chromosomenanomalien sowie Schädigungen von Knochen und Muskeln.[22] Dass es nur wenige andere Studien gibt, die über Ähnliches berichten, hat einen einfachen Grund. Laut Hansen ist Western Australia der einzige Bundesstaat in Australien und »einer der wenigen Plätze in der Welt« überhaupt, der ein gesetzliches Melderegister für Reproduktionstechniken eingerichtet hat.[23]

Dennoch ist Hansens Studie nicht die Einzige, die auf verlässlichen Daten basiert. Ebenfalls 2002 sorgte in Deutschland die Auswertung des Mainzer Geburtenregisters für Aufregung. Bei dem Projekt, das von der Kinderärztin Annette Queißer-Luft geleitet und vom Land Rheinland-Pfalz geförderte wurde, untersuchten Ärzte nach einem standardisierten Verfahren alle neugeborenen, totgeborenen und abgetriebenen Kinder und dokumentierten etwaige Fehlbildungen. Laut der »Frankfurter Allgemeinen Zeitung« handelte es sich bei diesem Projekt um eines, »das hinsichtlich Qualität und Vollständigkeit der Daten in Deutschland seinesgleichen sucht«.[24] Die Auswertung von rund 20 000 Fällen erhärtet den Verdacht, dass Kinder, die mittels IVF und ICSI erzeugt werden, häufiger Fehlbildungen aufweisen als natürlich gezeugte Kinder. Während sich Missbildungen bei Letzteren in 7,1 Prozent der Fälle dokumentiert fanden, betrug die Fehlbildungsrate bei IVF-erzeugten Kindern 9,5 Prozent. Bei den ICSI-erzeugten Kindern war die Fehlbildungsrate mit 22,8 Prozent dreimal so hoch wie bei einer herkömmlichen Zeugung. »Das ist nach Auskunft von Annette Queißer-Luft von der Mainzer Kinderklinik vergleichbar mit dem Risiko, das Verwandte bei einer Zeugung eingehen würden.«[25]

Beobachtet wurden unter anderem schwere Herzfehler, Doppelnieren, ein offener Wirbelkanal oder ein komplett verschlossener After sowie ein erhöhter Anteil von Chromosomenänderungen.[26] Selbst eine von Reproduktionsmedizinern koordinierte Studie stellte bei ICSI-Kindern mehr Fehlbildungen fest als bei Kindern, die auf natürliche Weise gezeugt wurden. Obwohl die Fehlbildungsrate hier mit 8,63 Prozent um 1,86 Prozent höher war als bei der Kontrollgruppe, wollten die Reproduktionsmediziner in der ICSI-Methode selbst keinen Risikofaktor erblicken. Stattdessen führten sie die Fehlbildungen zum Beispiel auf das Alter ihrer Patientinnen zurück.[27]

Abgesehen davon, dass man den Ärzten vorhalten könnte, auch diese Frauen behandelt zu haben, hält das Council es für wahrscheinlich, dass mit ICSI, die heute als Methode der Wahl bei Zeugungsunfähigkeit des Mannes gilt, grundsätzliche Probleme verbunden sind: »ICSI umgeht die natürliche Barriere der Eizelle, die diese gegen Spermien errichtet hat, die nicht zur Befruchtung fähig sind.«[28] »Damit die Befruchtung erfolgreich abläuft, muss das Spermium die Cumuluszellen, welche der Eizelle noch anhaften, durchdringen. Die Interaktion des Spermiums mit der zona pellucida (Eizellhülle) führt zur Freisetzung von Substanzen aus der Spitze des Spermienkopfes, welche die zona pellucida für das Spermium durchlässig macht, so dass es sich an die Zellmembran der Eizelle anlagern kann«, erklärt Josef Wisser, Oberarzt für Geburtshilfe an der Universitätsklinik Zürich. Erst nach diesem Vorgang, der auch Imprägnation genannt wird, erfolge die Fusion von Spermium und Eizelle.[29]

Während die Reproduktionsmediziner bei der IVF so weit wie möglich die Umgebung nachzuahmen versuchen, welche die Eizelle im Mutterleib vorfindet, wird sie bei ICSI gewissermaßen »vergewaltigt«. Man muss schon ziemlich naiv sein, um glauben zu wollen, dass die gewaltsame Überwindung natürlicher Schutzmechanismen keinerlei Auswirkungen auf die Entwicklung des Embryos besitzen könne.

IVF und ICSI sind aber nicht nur gefährlich, sie sind auch extrem ineffizient. Wie Klaus Diedrich, der zu den bekanntesten Reproduktionsmedizinern in Deutschland zählt, in einer 2005 im »Deutschen Ärzteblatt« veröffentlichten Studie einräumt, beträgt die so genannte »baby-take-home«-Rate bei ICSI gerade einmal 18,4 Prozent.[30] Dabei gilt ICSI noch als die »erfolgreichste« unter den Methoden, derer sich die Reproduktionsmediziner bedienen, um Eltern zu einem Kind zu verhelfen.

Angesichts der bescheidenen Erfolgsraten sind die Reproduktionsmediziner ständig darum bemüht, ihren Kunden immer neue Dienstleistungen zu offerieren, um ihr Portfolio attraktiver zu gestalten. Da die meisten dieser Angebote in Deutschland dank des Embryonenschutzgesetzes (ESchG) verboten sind, fordern die Reproduktionsmediziner seit Jahren immer wieder, mal lauter, mal leiser, seine Reform. Dies umso mehr, als die gesetzlichen Krankenkassen, die früher fast jede Behandlung finanziert haben, inzwischen wählerischer geworden sind. Seit Anfang 2004 übernehmen die gesetzlichen Krankenkassen nur noch 50 Prozent der Behandlungskosten und Medikamente, die bei einer künstlichen Befruchtung anfallen. Darüber hinaus werden die anteiligen Kosten auch nur noch für drei statt wie früher für vier Versuche übernommen. Entfallen ist auch die Ausnahmeregelung für Frauen über 40.

So schreiben etwa Diedrich und seine Kollegen in der oben erwähnten Studie: »Das ESchG wurde 1991 mit dem Ziel verabschiedet, den Embryo zu schützen und den Missbrauch der In-vitro-Fertilisation zu verhindern. Die Auflagen des ESchG bedeuten jedoch in praxi eine Benachteiligung deutscher Patientinnen, die erwarten, dass neue gesicherte Erkenntnisse schnell in medizinische Maßnahmen einfließen.« Daher sei die »gesetzliche Ausgestaltung des Spannungsfeldes zwischen ethisch erforderlicher Grenzziehung in der Reproduktionsmedizin und einer optimalen Gesundheitsfürsorge der infertilen Frau« für Deutschland »dringend zu überdenken«.[31]

Das ist natürlich Unsinn. Denn die Einzigen, die durch die Auflagen des ESchG benachteiligt werden, sind die deutschen Reproduktionsmediziner. Anders als ihren Kollegen in den USA, Großbritannien oder Spanien verbietet ihnen das ESchG, auch noch mit der Selektion von Embryonen und der Wahl des Geschlechts Geschäfte zu machen.

Praktiken, die schon Robert Edwards fest anvisiert hatte.

Bis zur Geburt von Louise Brown rechtfertigten Edwards und Steptoe ihre Experimente offiziell damit, dass ein Erfolg unfruchtbaren Paaren zu Nachwuchs verhelfen werde. Doch schon 1970 veröffentlichte Edwards zusammen mit seiner Frau Ruth Fowler im »Scientific American« einen Beitrag, in dem sie die IVF auch als Methode zur Vermeidung von Menschen mit Behinderungen sowie zur Geschlechtswahl empfahlen.[32]

Die »Scientific Community« hat sie längst erhört. Wie dies in der Praxis ausschaut und warum auch damit das Ende der Fahnenstange noch nicht erreicht ist, ist Gegenstand des folgenden Kapitels.

---

1 »Ein Geburtstag und seine Folgen.« Die Tagespost v. 24. 4. 2003.
2 vgl. Robert, Edwards / Steptoe, Patrick: A Matter of Life. The Story of a Medical Breakthrough. New York 1980. S. 15.
3 vgl. Silver, Lee: Das geklonte Paradies. Künstliche Zeugung und Lebensdesign im neuen Jahrtausend. München 1998. S. 95.
4 vgl. wie Anm. 2, S. 51 f.
5 ebenda S. 54.
6 vgl. ebenda S. 79.
7 vgl. ebenda S. 81.
8 vgl. ebenda S. 90.
9 vgl. ebenda S. 131.
10 Spiewak, Martin: Wie weit gehen für ein Kind? Im Labyrinth der Fortpflanzungsmedizin. Frankfurt a. Main 2002. S. 62.
11 ebenda
12 ebenda S. 60.
13 ebenda S. 66 f.
14 »Zeugung im Labor.« Deutschlandfunk v. 5. 4. 2004.
15 ebenda
16 vgl. wie Anm. 10, S. 69 f.
17 vgl. The President's Council on Bioethics: Reproduction and Responsibility. The Regulation of New Biotechnologies. Washington 2004. S. 153.
18 vgl. wie Anm. 10, S. 75.
19 wie Anm. 3, S. 97.
20 vgl wie Anm. 17. S. 37.
21 Hansen, Michèle et al.: The Risk of Major Birth Defects after Intracytoplasmic Injection and in Vitro Fertilization. New England Journal of Medicine Vol. 346 (2002) S. 725–730.
22 ebenda
23 http://www.ichr.uwa.edu.au/careers/postgrad/careerdev/michele

24 »Mehr Fehlbildungen bei Retortenbabys.« Frankfurter Allgemeine Zeitung v. 8. 5. 2002.

25 »Bessere Kinder mit PID?« Die Tageszeitung v. 17. 1. 2003.

26 vgl. wie Anm. 23.

27 Ludwig, Michael et al.: German ICSI-Follow-up Study Group: Malformation rate in fetuses and children conceived after ICSI: results of an prospective cohort study. Reprod Biomed Online Nr. 5 (2002) S. 171–178.

28 wie Anm. 17. S. 39.

29 vgl. Wisser, Josef: Daten der embryonalen Frühentwicklung beim Menschen. In: Beckmann, Rainer / Löhr, Mechthild (Hrsg.): Der Status des Embryos. Würzburg 2003. S. 26–32. Hier S. 27.

30 Diedrich, Klaus et al: Neue Entwicklungen in der Reproduktionsmedizin. Deutsches Ärzteblatt 102 (2005) Heft 9. S. 587–591.

31 ebenda

32 wie Anm. 10, S. 64 f.

»Wie ich mich nun auf dich werfe,
Gleich, o Kobold, liegst du nieder;
Krachend trifft die glatte Schärfe!
Wahrlich brav getroffen!
Seht er ist entzwei!
Und nun kann ich hoffen,
Und ich atme frei!«

JOHANN WOLFGANG VON GOETHE
»Der Zauberlehrling«

KAPITEL 16

Designer-Babys

»Social sexing« und »ballanced families«: Wie weit Mediziner bereits heute gehen, um die Wünsche ihrer »Kunden« zu erfüllen

Joep Geraedts ist ein zuvorkommender Mann. Besucher holt der 59-jährige Niederländer schon einmal persönlich auf dem Parkplatz ab. Auch für das leibliche Wohl seiner Gäste sorgt der Professor, der an der Universität Maastricht Genetik und Zellbiologie lehrt, selbst und serviert zum Kaffee belgischen Fladen in drei verschiedenen Ausführungen. Auswahl offerieren zu können, das scheint Geraedts, der an der katholischen Universität Nimwegen studierte und in Maastricht das erste Zentrum gründete, das in den Niederlanden die so genannte Präimplantationsdiagnostik (PID) anbietet, zur zweiten Natur geworden zu sein. Doch wenn der hoch gewachsene Biologe, der zehn Jahre lang für die Einführung der PID in den Niederlanden kämpfte, zur Sache kommt, verliert man schnell den Appetit.

Für die »Kinderwunschbehandlung« von 101 Paaren wurden im Jahr 2002 in den Niederlanden insgesamt 1185 Embryonen künstlich erzeugt und mittels PID untersucht. 141 von ihnen wurden danach in die Gebärmutter transferiert und führten in 44 Fällen zu einer Schwangerschaft, die in 34 Fällen in eine Geburt mündeten. Aber, wie Geraedts einräumt, könne selbst eine Selektion von einem solchen Ausmaß keine gesunden Kinder garantieren. Fehldiagnosen seien niemals auszuschließen und träten vor allem bei dominanten Erbkrankheiten auf. Obwohl die PID in den Niederlanden deshalb zur Sicherheit in der Regel an zwei Zellen statt nur an einer durchgeführt würde, könne das Risiko einer fehlerhaften Diagnose zwar gesenkt, aber nicht eliminiert werden.[1]

So zuvorkommend Geraedts ist, so aufrichtig ist er auch. Die PID, verrät er, habe drei große Nachteile. Erstens sei sie »technisch schwierig«. Zweitens sei »kaum Material« vorhanden. Mit »Material« meint Geraedts die ein bis zwei Zellen, die von meist achtzelligen Embryonen abgetrennt und einem Gen-Check unterzogen werden. Und schließlich gebe es »so gut wie keine Zeit«, da die Untersuchung der Zellen binnen 24 Stunden nach ihrer Trennung von der künstlich befruchteten Eizelle erfolgen müsse; jedenfalls dann, wenn der so getestete Embryo noch im gleichen Zyklus auf die Mutter übertragen werden soll.

Wobei »Zelle« in diesem Zusammenhang ein höchst problematischer Begriff ist. Denn sofern die Zellen noch »Totipotenz« besitzen, können sie sich – wie im Falle von eineiigen Zwillingen – auch zu einem vollständigen Menschen entwickeln. Daher stellt das deutsche Embryonenschutzgesetz totipotente Zellen dem Embryo gleich.[2] Nach herrschender Lehrmeinung verfügen zumindest bis zum 8-Zell-Stadium alle Zellen des Embryos über Totipotenz.

»Wir sondern zu viele aus, weil wir nicht immer eine Antwort finden«, sagt Geraedts, der auch Koordinator der Studiengruppe Reprogenetik und Präsidiumsmitglied eines Konsortiums derjenigen Reproduktionszentren ist, die die PID innerhalb der »European Society of Human Reproduction and Embryology« (ESHRE) anbieten. Im Klartext heißt das: Weist die Untersuchung widersprüchliche Ergebnisse auf, dann wird, um die Analysefehler so gering wie möglich zu halten, der Embryo »vorsorglich« ausgesondert.[3]

Wie der Wissenschaftsjournalist Bruce Goldman im Februar 2007 in einem Beitrag für das Magazin »Nature« schreibt, senke dieses auch andernorts übliche Vorgehen die Chance vieler Patientinnen, schwanger zu werden, da nach der Selektion oft zu wenig Embryonen übrig blieben, die noch transplantiert werden können.[4] Unberücksichtigt bleibe auch, dass schon der frühe Embryo über selbstheilende Kräfte verfüge, die es ihm erlaubten, abnormale Zellen abzustoßen. So weisen Embryonen oftmals nur in einigen Zellen eine unnormale Chromosomenverteilung auf. »Wenn also zufällig die kranke Variante bei dem Test zutage tritt, werden ohne Not zahlreiche Embryonen ›verworfen‹, die eigentlich das Potenzial zu gesunden Kindern hätten«, erläutert die Medizinjournalistin Martina Lenzen-Schulte.[5]

Geraedts selbst macht noch auf ein weiteres Manko aufmerksam, das aus technischer Sicht gegen die PID spricht. Weil bei der Entnahme der Zellen, die bei der PID untersucht werden, die Hülle der befruchteten Eizelle, die zona pellucida, beschädigt wird, senkt die Durchführung einer PID bereits hier die Chance für die Frau, nach Übertragung des Embryos in den Mutterleib tatsächlich schwanger zu werden.[6]

Wolle man an all dem etwas ändern, dann seien zusätzliche Investitionen in Personal und Infrastruktur erforderlich, meint

Geraedts. Wie nicht wenige Forscher erwartet offensichtlich auch der Niederländer von Staat und Gesellschaft die Lösung von Problemen, die ohne Leute wie ihn gar nicht existieren würden. Dabei kann man Geraedts nicht vorwerfen, dass es ihm in erster Linie ums Geld gehe. Denn in Maastricht wird die PID kostenlos durchgeführt. An dem von Geraedts gegründeten Zentrum müssten die Patientinnen nur die künstliche Befruchtung bezahlen. Auch nähmen nur ein Fünftel der Patientinnen, die ausführlich beraten würden, die PID danach auch tatsächlich in Anspruch, erklärt Geraedts.[7]

Internationale Vergleiche vermitteln ein ganz anderes Bild: Nach den neuesten von der ESHRE veröffentlichten Daten werden rund 60 Prozent der künstlich befruchteten Embryonen einer PID unterzogen.[8] Die ESHRE-Studie wertet Daten aus, die 50 Zentren aus Europa, Australien und den USA auf freiwilliger Basis gemeldet haben. Dass die PID an diesen Zentren deutlich häufiger durchgeführt wurde als etwa in Maastricht, liegt vor allem daran, dass mit der PID längst nicht mehr »nur« nach Chromosomenschäden oder passenden Zellspendern gefahndet wird. Wachsender Beliebtheit erfreut sich bei den Reproduktionsmedizinern und ihren Kunden seit einigen Jahren die Geschlechtswahl mittels PID. In den USA etwa bieten heute bereits 65 Prozent der Kliniken ihren Kunden das so genannte »social sexing« an.

Beim »social sexing« wird mittels der PID das Geschlecht des Embryos festgestellt. Ziel ist es, nur solche Embryonen zu transferieren, die das von den Eltern gewünschte Geschlecht besitzen.

Auch in Europa findet die Geschlechtsselektion immer häufiger Anklang. Laut der ESHRE-Studie, die nach eigenen Angaben Aufschluss über rund zwei Drittel der in Europa durchgeführten Präimplantationsdiagnostiken gibt, wurde die PID insgesamt in 334 Fällen zur Selektion des Geschlechts durchgeführt. Besonders pikant: In 292 Fällen waren es fruchtbare Paare, die von der Methode Gebrauch machten.[9] Damit widerlegt die Studie zugleich die Behauptung, dass die künstliche Befruchtung nur von unfruchtbaren Paaren nachgefragt werde. Denn in Verbindung mit der PID wird die künstliche Befruchtung auch für zeugungsfähige Paare interessant.

Jeffrey Steinberg hat es dank der PID zum Zweck der Wahl des Geschlechts bereits zum Multimillionär gebracht. Seit 20 Jahren verhilft der 52-jährige Mediziner Paaren in seiner Praxis in Los Angelos mittels künstlicher Befruchtung zu Kindern. 1999 begann er damit, die von ihm hergestellten Embryonen vor der Übertragung auf die Mutter mittels PID auf genetische Anomalien zu untersuchen. 2003 spezialisierte er sich dann darauf, Kinder nach Geschlecht zu selektieren.[10] Möglich ist das, weil sich bei Neonlicht das Y-Chromosom, das nur Jungen besitzen, unter dem Mikroskop zweifelsfrei ausfindig machen lässt. Ein todsicheres Verfahren – vor allem für Mädchen. Denn die werden mittlerweile so massiv »verworfen«, dass sich im Frühjahr 2007 die Vereinten Nationen mit ihnen befassten. Bei der 51. Sitzung der »UN-Kommission für den Status der Frau«, die vom 26. Februar bis zum 9. März 2007 in New York stattfand, brachten Südkorea und die USA einen Entschließungsantrag zur »Abschaffung von schädlichen Praktiken des vorgeburtlichen geschlechtsbestimmten Sortierens und des Kindermords an Mädchen« in die Verhandlungen ein.[11] Der Grund: Experten-Schätzungen zufolge fehlen für eine gesunde demographische Entwicklung weltweit inzwischen 90 bis 150 Millionen Frauen, überwiegend in Asien. In China und Indien werden Mädchen systematisch abgetrieben oder bei künstlicher Befruchtung vor der Übertragung in den Mutterleib selektiert. Dabei sind die Motive durchaus verschieden. In China, wo jedes Jahr rund 1 Million Mädchen gezielt vor der Geburt getötet werden, messen die Eltern männlichen Nachkommen traditionell eine höhere Bedeutung bei. Männer tragen dort nicht nur den Familiennamen weiter, sondern versorgen die Eltern auch im Alter.

Selbst die chinesische Regierung zeigte sich alarmiert und reagierte: Nachdem die chinesische Ein-Kind-Politik welche die Zwangsabtreibung von Kindern beinhaltet, deren Eltern bereits ein Kind haben – die Tötung von Mädchen jahrelang massiv förderte, drohen chinesischen Ärzten inzwischen bis zu drei Jahren Gefängnis, wenn sie das Geschlecht ungeborener Kinder preisgeben oder gar geschlechtsspezifische Abtreibungen durchführen. Dennoch sind die Folgen der falschen Familienpolitik bereits jetzt zu sehen: Es gibt in China einen Männerüberhang von rund 100 Millionen, was zu gesellschaftlichen Spannungen und persönlichen Lebenskrisen beitragen dürfte. Binnen weniger Jahre wird die Ein-Kind-Politik auch zu einer bedrohlichen Verschiebung des Altersdurchschnitts der chinesischen Gesellschaft führen. In Indien, wo jedes Jahr noch mehr Mädchen vor der Geburt getötet werden als in China, ist häufig die obligatorische Mitgift auschlaggebend, die Eltern bei der Heirat einer Tochter zahlen müssen. Zeitweise bewarben indische Kliniken die zur Geschlechtsbestimmung erforderlichen Tests daher mit Slogans wie »Geben Sie jetzt 800 Rupien aus, damit Sie später 50 000 Rupien sparen.«[12]

Inder dürften daher nur selten unter Steinbergs Kunden zu finden sein. Denn pro Geschlechtsselektion verlangt Steinberg nicht weniger als 18 480 Dollar. Pro Tag selektiert der Mediziner, der von sich behauptet, ihm sei »noch nie ein Fehler unterlaufen«, und sich mit einer Trefferquote von »100 Prozent« brüstet, »etwa drei«. Im Jahr, schätzt Steinberg, käme er damit »sicher auf 1000 Kinder«. Mit ihnen erwirtschaftet er einen Jahresumsatz von mehr als 18 Millionen Dollar. Auch über mangelnde Nachfrage kann sich Steinberg nicht beklagen: Die Wartezeit, verrät der Mediziner, betrage vier Monate. »Weltweit selektiert niemand mehr Embryonen nach dem Geschlecht als ich«, ist sich Steinberg sicher.[13]

Mehr als 60 Prozent seiner Kunden kämen aus dem Ausland, überwiegend aus Asien. An zweiter Stelle stünden Europäer: Briten, Deutsche und Franzosen. Hinzu kämen Australier und Kanadier. »Für viele Patienten gehört es zum Lifestyle, die Familie geschlechtlich auszubalancieren«, sagt Steinberg.[14] Auch die ESHRE spricht von »ballanced families«.[15] Was so würdevoll klingt, ist in Wahrheit brutaler Egoismus: »Zu mir kommen Frauen, die fünf Söhne haben, und sich sehnlichst wünschen, die eigene Tochter modisch einzukleiden«, übersetzt Steinberg.[16]

Dabei ist die Wahl des Geschlechts keineswegs der einzige Wunsch, den Steinbergs Kunden an ihn herantragen: »Ich bekomme Anfragen nach der Augen- oder Haarfarbe, aber auch nach der sexuellen Orientierung. Ich muss die Leute vertrösten. Das ist derzeit nicht möglich«, berichtet der Mediziner, der keine Zweifel daran lässt, dass er auch dies anbieten werde, sofern es technisch möglich werden und die Ethikkommission es zulassen sollte.[17]

Tatsächlich empfiehlt die »American Society for Reproductive Medicine« (ASRM) in ihren Richtlinien Mitgliedern jedoch, Eltern von der Geschlechtsselektion zur Familienplanung abzuraten.[18] Auch wenn niemand in der Formulierung »sollten entmutigt werden« ein resolutes Verbot erblicken wird, kann doch nicht behauptet werden, die ASRM befürworte solche Praktiken. Dennoch bieten 35 Prozent der Kliniken in den USA die Geschlechtswahl offensiv an. Weitere 30 Prozent »geben auf Nachfrage jederzeit die gewünschte Antwort und richten sich dann ebenfalls nach den elterlichen Vorlieben«, weiß Lenzen-Schulte.[19]

Weil Geld bekanntlich nicht stinkt, wäre es pure Illusion zu glauben, in Deutschland gäbe es unüberwindbare Hemmungen, anders zu verfahren, stünde den Kundenwünschen einmal nicht mehr das Embryonenschutzgesetz entgegen. Dies gilt umso mehr, als die geistigen Vorarbeiten auch hierzulande längst erledigt wurden. So führte etwa auf einer Tagung des Nationalen Ethikrats auf Schloss Elmau im Jahr 2002 dessen Mitglied Volker Gerhardt aus: »Nicht jede Auswahl geht mit einer Diskriminierung einher.« Wenn etwa ein »weißer Mann alles daran setzt, um mit einer Rothaarigen ins Gespräch zu kommen«, dann möge das für seine blonde Nachbarin enttäuschend sein, diskriminiere sie aber nicht.

Volker Gerhardt, der im Hauptberuf nicht für Blondinenwitze zuständig ist, sondern praktische Philosophie an der Humboldt-Universität zu Berlin lehrt, ist kein Einzelfall. Laut seines Düsseldorfer Kollegen Dieter Birnbacher sind »die gegenwärtig vorherrschenden und bis auf weiteres absehbaren Ziele der Selektion nur ganz selten als solche moralisch kritikwürdig«. Vielmehr seien sie – so Birnbacher 1999 auf dem Deutschen Kongress für Philosophie in Konstanz – »in den allermeisten Fällen moralisch neutral oder sogar moralisch löblich«.[20] Birnbacher zählt zu den vehementesten Befürwortern der PID. Selektion ist für ihn »eine Form gesteuerter Fortpflanzung«, die sich »an qualitativen Kriterien« orientiert und »eine Auswahl zwischen einer Mehrzahl von Alternativen« beinhaltet. Unter »Selektion am Lebensbeginn« fasst Birnbacher »alle Handlungen, mit denen eine bewusste und an bestimmten qualitativen Kriterien orientierte

Entscheidung darüber getroffen wird, welches von mehreren Kindern (...) leben oder sich entwickeln soll«.[21]

Weil die »Entscheidungsmöglichkeiten über die qualitativen Merkmale der Kinder zugleich Entscheidungsmöglichkeiten über einen wesentlichen Teil des eigenen Lebens« seien, fordert Birnbacher, dass der Elternwunsch nach Wunschkindern von der moralischen Anrüchigkeit befreit wird, den er heute noch vielfach habe.[22] Ähnlich denken längst auch viele Bundesbürger. »Jede zwanzigste Frau und jede fünfzehnte Humangenetikerin würde auch ein Kind mit Lippen-Kiefer-Gaumenspalte abtreiben«[23], obwohl derartige Fehlbildungen sich heute problemlos korrigieren lassen.

Vor allem das Humangenomprojekt dürfte für eine Ausweitung der Anwendung der PID sorgen. So ist sich etwa das Experten-Gremium, das US-Präsident George W. Bush berät, sicher: »Wenn das Wissen über das Genom wächst, wird die Spannweite von nicht-krankheitsbezogenen genetischen Zügen, für die die PID brauchbar ist, potenziell ansteigen.«[24]

Dass die PID, einmal eingeführt, sofort weitere Begehrlichkeiten weckt, belegt auch eine multinationale Vergleichsstudie. Im Sommer 2004 veröffentlichte das »Büro für Technikfolgenabschätzung des Deutschen Bundestags (TAB)« den »Sachstandsbericht Präimplantationsdiagnostik«.[25] Die Untersuchung geht der Frage nach, ob sich die Anwendung der PID »auf einen eng definierten Nutzerkreis« eingrenzen lässt oder ob »eine Indikationsausweitung realistischerweise auf Dauer nicht verhindert werden kann«.[26] Für die Studie wurden die »rechtliche Regulierung« und die »praktische Anwendung« der PID in Belgien, Dänemark, Großbritannien, Italien sowie den USA untersucht. Das Ergebnis ist – obwohl »politisch korrekt« formuliert – unmissverständlich. So heißt es gegen Ende der 85-seitigen Untersuchung: Eine

Ausweitung der PID lasse sich nur durch »ein generelles Verbot« verhindern. Dagegen biete eine »begrenzte Zulassung« allenfalls »eine gewisse Gewähr« dafür, »dass Ansprüche auf eine Erweiterung des Indikationsspektrums sich nicht stillschweigend durchsetzen, sondern gesellschaftlich diskutiert werden müssen«.[27]

Darüber hinaus gibt die Studie auch einige Anhaltspunkte für das Ausmaß der Selektion, die mit der PID verbunden ist. Laut dem TAB wurden in den untersuchten Ländern bis Anfang 2003 »mindestens 1600 Kinder« nach Durchführung einer PID geboren. Die tatsächliche Zahl der Kinder sei jedoch weitaus höher gewesen, »da zumindest in den USA und Italien eine erhebliche Zahl von Zentren, die PID durchführen, nicht erfasst« wurden.[28] Wie viele Embryonen für die Geburt dieser Kinder tatsächlich erzeugt wurden, darüber macht auch diese Studie so gut wie keine Angaben. Der Grund: Statt die tatsächlich erzeugten Embryonen auszuweisen, erfassen die Fruchtbarkeitszentren so gut wie immer nur die durchgeführten Behandlungszyklen. Die Anzahl der Zyklen korreliert am ehesten mit der Zahl der behandelten Frauen. Da sich jedoch angesichts der mageren Erfolgsraten der künstlichen Befruchtung viele Frauen mehreren Behandlungszyklen unterziehen müssen, um ein künstlich erzeugtes Kind gebären zu können, geben auch sie letztlich keinen Aufschluss über das tatsächliche Ausmaß der Selektion, die mit der PID verbunden ist. Insofern stellen Zahlen wie die von Geraedts eine absolute Rarität da.

Doch auch die TAB-Studie fördert eine solche zutage. So wurden an dem kleinen und überschaubaren PID-Zentrum im dänischen Aarhus zwischen 1999 und Juni 2001 insgesamt 234 Eizellen erfolgreich künstlich befruchtet. Eine »klinische Schwangerschaft« konnte anschließend jedoch nur in vier Fällen festgestellt werden. Eine »klinische Schwangerschaft« gilt als nachgewiesen, wenn der Herzschlag des Embryos unter Ultraschallansicht diagnostiziert werden konnte. Von den verbleibenden 230 Embryonen wurden 60 wegen der technisch nach wie vor unausgereiften Methoden künstlicher Befruchtung vernichtet. Weitere 110 fielen der Selektion durch PID zum Opfer.[29] Überträgt man dies auf die Gesamtzahl der Kinder, die laut der TAB-Studie in allen fünf Ländern nach einer PID zur Welt gekommen sind, dann kommt man auf weit mehr als 93 000 Embryonen, die künstlich erzeugt werden mussten, um 1600 von ihnen zu gebären.

Dabei handelt es sich freilich um eine konservative Schätzung. Zum einem war zum Zeitpunkt der Datenerhebung in Dänemark sowohl die Auswahl von Kindern, die – wie im Falle von Adam Nash – als Zellspender für kranke Geschwister fungieren sollen, als auch die Geschlechtswahl, wie sie etwa Steinberg offeriert, verboten. Das heißt, in Aarhus wurde die PID, die in Dänemark erst 1999 zugelassen wurde, »offenbar nur für Paare mit bekanntem Risiko für eine schwere erbliche Erkrankung genutzt«.[30] Zum anderen münden »klinische Schwangerschaften« keineswegs automatisch in eine Geburt. Denn in der Regel werden alle diese Kinder im weiteren Fortgang der Schwangerschaft zur Kontrolle der PID noch einmal einer Pränatalen Diagnostik unterzogen und bei einem abweichenden Befund so gut wie immer abgetrieben.

Kindern, die alle diese Hürden genommen haben, droht in einigen Fällen der so genannte Fetozid. Was ein Fetozid ist und wieso er für nötig erachtet wird, davon handelt das nächste Kapitel. Eine Warnung scheint jedoch schon hier angebracht: Das folgende Kapitel ist nichts für schwache Nerven. Wer genetisch entsprechend vorbelastet ist, sollte es besser überspringen.

Apropos genetische Belastung: Die allermeisten Behinderungen werden nach oder aber bei der Geburt erworben. Das Basis-Risiko, ein Kind mit angeborenen Fehlbildungen zu bekommen, einschließlich solcher, die leicht zu korrigieren sind, beträgt 3 Prozent. Nur die Hälfte davon ist genetisch bedingt.[31]

---

1 vgl. »Was die Praxis verrät.« Die Tagespost v. 30. 9. 2003.

2 vgl. § 8 Absatz 1. Gesetz zum Schutz von Embryonen (Embryonenschutzgesetz – ESchG). v. 1. 1. 1991.

3 vgl. ebenda

4 vgl. Goldman, Bruce: Reproductive medicine: the first cut. Nature 445 (2007) S. 479–480.

5 »Wahltermin in der Retorte.« Frankfurter Allgemeine Zeitung v. 28. 2. 2007.

6 vgl. wie Anm. 1.

7 vgl. ebenda

8 ESHRE PGD Consortium data collection VI: cycles from January to December 2003 with pregnancy follow-up to October 2004. Human Reproduction vol. 22 (2007) Nr. 2. S. 323–336.

9 vgl. wie Anm. 8, hier: Tabelle VIa und VIb S. 333.

10 vgl. »Der Lehrling Gottes.« Die Zeit v. 22. 2. 2007.

11 vgl. United Nations: E/CN.6/2007/L.5.

12 vgl. »Europäer geben den Schutz von Frauen preis«. Die Tagespost v. 13. 3. 2007.

13 vgl. wie Anm. 10.

14 ebenda

15 ebenda

16 ebenda

17 ebenda

18 vgl. American Society for Reproductive Medicine: Fertility and Sterility. 82 (2004); Suppl. 1: S. 245–248.

19 wie Anm. 5.

20 vgl. Rehder, Stefan: Selektion in der Petrischale. Zur Debatte um die Präimplantationsdiagnostik (PID). Neue Ordnung 54 (2000) Nr. 3 S. 97–104. Hier S. 102.

21 ebenda

22 ebenda

23 Kaulen, Hildegard: Leben auf Probe. Ist die Pränataldiagnostik auf dem Weg zur Selektionsmedizin? In: Von Anfang an uns anvertraut. Menschsein beginnt vor der Geburt. Themenheft zur Woche für das Leben 2006. Hrsg. vom Sekretariat der Deutschen Bischofskonferenz und dem Kirchenamt der Evangelischen Kirche in Deutschland. Bonn / Stuttgart 2006. S. 24–25. Hier S. 25.

24 The President's Council on Bioethics: Reproduction and Responsibility. The Regulation of New Biotechnologies. Washington 2004. S. 177.

25 vgl. Sachstandsbericht Präimplantationsdiagnostik – Praxis und rechtliche Regulierung in sieben ausgewählten Ländern. Bundestagsdrucksache 15/3500 v. 30. 6. 2004.
26 ebenda S. 4.
27 ebenda S. 75.
28 ebenda S. 5.
29 vgl. ebenda S. 21. Tabelle V.
30 ebenda S. 22.
31 vgl. Fuchs, Ursel: Die Genomfalle. Düsseldorf 2000. S. 123.

»Ach, da kommt der Meister!
Herr, die Not ist groß!
Die ich rief, die Geister,
Werd' ich nicht mehr los.«

JOHANN WOLFGANG VON GOETHE
»Der Zauberlehrling«

KAPITEL 17

»Fetozid« oder die Spritze ins Herz

Weshalb Mehrlingsschwangerschaften nach künstlicher Befruchtung als »medizinische Fehlleistung« gelten und wie Ärzte sie »korrigieren«

Auch Gott spielen will gelernt sein. Für den mit Pipette und Petrischale ausgerüsteten Wissenschaftler ist dies weitaus schwieriger als er zuzugeben bereit ist. Kein Industrieland würde dulden, dass mit derart unausgereiften und ineffizienten Verfahren, wie sie in der Reproduktionsmedizin zum Einsatz kommen, Häuser gebaut oder Autos produziert werden. Architekten oder Ingenieure, die es dennoch wagten, würden als Bedrohung betrachtet und aus dem Verkehr gezogen. Beim »Menschenbau« sind dieselben Länder jedoch bereit, beide Augen zuzudrücken.

Dabei sprechen die Zahlen eine eindeutige Sprache: Laut »Deutschem IVF-Register 2005« führten Reproduktionsmediziner in Deutschland im Jahr 2004 insgesamt 53 862 so genannte Kinderwunschbehandlungen durch. Über die Anzahl der Embryonen, die dabei erzeugt wurden, schweigt sich die Statistik aus. Fest steht: In 12 413 Fällen konnte eine klinische Schwangerschaft nachgewiesen werden. Diese führte in 8036 Fällen zur Geburt und in 2424 Fällen zu Aborten; in 349 Fällen offenbar aufgrund von Eileiterschwangerschaften. 48 Kinder wurden tot geboren, 108 kamen mit Fehlbildungen auf die Welt.[1]

222 weitere Kinder – das entspricht acht Schulklassen – mussten im Jahr 2004 allein deshalb sterben, weil die ansonsten wenig erfolgreichen Methoden der künstlichen Befruchtung bei ihren Müttern zu einem »Übererfolg« geführt hatten.[2] Das scheint paradox, ist es bei aber nicht. »Durch die hormonale Stimulation« komme es »in etwa 25 Prozent der ausgetragenen Schwangerschaften zu Mehrlingsgeburten«, berichtete der Gynäkologe Hermann Hepp im Juli 2005 auf einer Veranstaltung der Deutschen Gesellschaft für Gynäkologie und Geburtshilfe (DGGG) in Berlin.[3] Laut des langjährigen Direktors der Frauenklinik Großhadern am Münchner Universitätsklinikum ist die Chance, dass eine Frau nach künstlicher Befruchtung – sofern sie überhaupt schwanger wird – gleich Zwillinge oder Drillinge bekommt, 20-mal so hoch wie bei einer natürlichen Zeugung.[4]

Da in der Regel pro »Kinderwunschbehandlung« jedoch nur die Geburt eines Kindes angestrebt wird, gilt eine Mehrlingsschwangerschaft bei vielen Eltern und noch häufiger unter Medizinern als unerwünscht. Der Grund: Da Mehrlinge häufiger mit leichten bis schweren Handikaps geboren werden, ein höheres Sterblichkeitsrisiko sowie eine höhere Krankheitsanfälligkeit besitzen, gefährden sie aus Sicht der Reproduktionsmediziner das Behandlungsziel einer »erfolgreichen Schwangerschaft« und damit die Zufriedenheit ihrer Kunden.

Weil das so ist, betrachten Reproduktionsmediziner die Empfängnis von Zwillingen, Drillingen oder noch mehr Kindern als »medizinische Fehlleistung«, die es durch »fetale Reduktionen« zu korrigieren gilt.[5] Als Mittel der Wahl gilt hier der so genannte Fetozid. Für den Fetozid durchsticht der Arzt mit einer langen Nadel die Bauchdecke der Schwangerem bis er in die Bauchhöhle gelangt. Dann sucht er unter Ultraschallansicht das kirschkerngroße Herz des Kindes, sticht zu und spritzt eine Kalium-Chlorid-Lösung hinein, die in hoher Dosierung jede koordinierte Kontraktion des Herzmuskels unmöglich macht. Nach ein bis zwei Minuten stirbt das Kind im Mutterleib an »Herzversagen«.[6] Alternativ zur Kalium-Chlorid-Methode wird beim Fetozid auch Luft in das Herz gespritzt (intrakardinale Luftinjektion) oder aber das Herz »punktiert« (Kardiozentese).[7]

In aller Regel erfolgt der Fetozid nach technischen Geschichtspunkten. Das heißt, der Arzt tötet das Kind, welches mit der Nadel für ihn am besten zu erreichen ist. Manche Mediziner sind auch für den selektiven Fetozid zu haben. Dabei tötet der Arzt im Anschluss an eine pränatale Diagnostik das Kind, das die »schlechteste Prognose« aufweist.

»Vor einigen Wochen hatten wir das Problem einer Zwillingsschwangerschaft mit einem gesunden und einem kranken Kind«, berichtete Peter Mallmann, Direktor der Frauenklinik der Universität zu Köln im Jahr 2000 auf einer Tagung der Lebensrechtsorganisation »Aktion Lebensrecht für Alle« (ALfA). Das eine Kind habe »eine sehr schlechte Prognose« gehabt, sei aber »durchaus lebensfähig« gewesen. Beide Kinder hätten daher »mit großer Wahrscheinlichkeit« in der 27. oder 28. Schwangerschaftswoche entbunden werden müssen. »Denn«, so Mallmann weiter, »das schlechtere Kind entscheidet über den Zeitpunkt der Entbindung.«[8]

Frühgeburten stellen auch für die heutige High-Tech-Medizin eine besondere Herausforderung dar. Unüberwindbare Schwierigkeiten, ein Kind, das zu früh geboren wird, am Leben zu halten, treten heute nur noch selten nach der 22. Woche auf. Schwierig wird es erst, wenn Eltern glauben, einen Anspruch auf ein gesundes Kind zu haben. Weil durch die frühere Geburt auch für den gesunden Zwilling Gefahr bestand, »mit einer gewissen Wahrscheinlichkeit« mit einer Behinderung zur Welt zu kommen, gaben die Eltern Mallmann den Auftrag: »Töten Sie das kranke Kind, damit das gesunde bis zum Termin ausgetragen werden kann.«[9]

Mallmann selbst mag solche Eltern nicht verurteilen: »Wir haben es häufig mit Eltern zu tun, die schon klar durch die Gesellschaft genormt und geprägt sind«, erläutert der Frauenarzt. »Eltern, die tatsächlich glauben, ihre Verantwortung bestünde auch darin, die Gesellschaft vor einem kranken Kind zu schützen, die sich durch den sozialen Druck ihres Umfelds verpflichtet fühlen, hier eine Entscheidung – häufig auch gegen ihr Herz – zu fällen.«[10]

Der Fetozid ist jedoch keineswegs immer nur für den ausgewählten Embryo tödlich. »Bei der Reduktion von Zwillingen auf Einlinge kam es in 17 Prozent, bei der Reduktion von Drillingen auf Einlinge in 23 Prozent und bei Vierlingen auf Zwillinge in 15 Prozent« der Fälle »zum Gesamtverlust aller Kinder«, referierte Hepp in Berlin Zahlen der Fachliteratur.[11]

»Wir haben ICSI gemacht nach 5 Jahren Kinderwunsch« beginnt die Schilderung einer Frau, die einen solchen Gesamtverlust erlebt hat. Dokumentiert findet sich ihr Fall in einer Broschüre mit den Titel »Fetozid – Gedanken – Erfahrungen – Definitionen«, der vom »ABC-Club« in Hannover, einem Selbsthilfeverein für die Eltern von Mehrlingen, herausgegeben wird.[12] Aus »Angst vor einer Drillingsschwangerschaft«

ließ sich die Autorin statt der nach dem Embryonenschutzgesetz erlaubten drei Embryonen nur zwei einsetzen: »Erst hieß es Glückwunsch, Sie haben eine schöne Einlingsschwangerschaft. Nach einer Woche wurden dann die beiden anderen entdeckt. Eineiige Zwillinge. Eine Eizelle hatte sich noch mal geteilt. Nun hatten wir unsere Drillinge.«[13]

»Meine Ärztin sprach gleich von Reduktion«,[14] berichtet die Autorin. Wie alle anderen Frauen, die in der Broschüre ihren Fall erläutern, legt sie Wert auf Anonymität. An dem Wunsch, die eigene Entscheidung zu rechtfertigen oder wenigstens zu erklären, ändert das nichts. Sie habe die »Tragweite dieser Entscheidung in diesem Moment noch nicht begriffen«, sondern »bestenfalls geahnt«. Auch sei die Schwangerschaft nicht leicht gewesen: »Ich hatte mit Übelkeit, Herzrasen, Schilddrüsenüberfunktion, Blutungen usw. zu kämpfen, so dass mir die Entscheidung richtig erschien. Alle prophezeiten mir, ich würde es nicht schaffen und alle drei Kinder in einer frühen Woche verlieren, in der sie noch nicht lebensfähig sind«,[15] fährt die Autorin fort.

Dass die mit Drillingen Schwangere in den Fetozid einwilligte, reichte der Ärztin jedoch nicht. Nun sollte auch noch das für die Nadel bestimmte Kind ausgesucht werden: »Leider musste ich bis zur 15. SSW mit der Reduktion warten, da vorher noch eine Amniozentese gemacht werden sollte, um die Gesundheit der Zwillinge abzuklären.« Diese sollten – offenbar erneut auf Wunsch der Ärztin – »erhalten bleiben«. »Der Professor, der die Reduktion durchführte, hielt es aber nicht für sinnvoll, noch länger zu warten.« Er nötigte die Eltern, sich zu entscheiden: »Also wurde einer der Eineiigen reduziert, da es angeblich laut Statistik häufiger zu Problemen bei dieser Art von Schwangerschaften kommt. Leider war es dann so, dass auch der andere Zwilling es nicht überlebte.

Die beiden teilten sich ja einen Kreislauf. Dem dritten Kind dagegen ging es gut. Jedenfalls noch eine Woche. Danach kam die Fehlgeburt.«[16]

Für die Ärzte ist dieser Fall damit abgeschlossen. Sie wenden sich der nächsten Kinderwunschbehandlung zu. Die Frau, die sie zurücklassen, muss alleine sehen, wie sie mit ihrer Verzweiflung fertig wird: »Ich versinke in Schuldgefühlen. Ich weiß nicht, wie ich damit klarkommen soll. (…) Ich kann mir nicht mal einreden, dass die Kinder vielleicht krank gewesen wären. Eine Genuntersuchung und Obduktion ergab keine Auffälligkeiten. Es waren drei Jungs. Es ist wirklich furchtbar. Wenn ich alles rückgängig machen könnte, ich würde nur auf mein Herz hören und nicht auf irgendwelche Weißkittel.«[17]

An Vorschlägen, wie sich solche Dramen vermeiden ließen, mangelt es nicht. Auch die Reproduktionsmediziner sind um Ratschläge nicht verlegen. Bei den allermeisten handelt es sich jedoch um pure Augenwischerei. So fordert etwa der umtriebige Lübecker Reproduktionsmediziner Klaus Diedrich, die Zahl der Embryonen, die für eine Kinderwunschbehandlung in Deutschland hergestellt werden dürfen, sollten nicht länger auf drei beschränkt werden. »Fünf wäre eine ideale Zahl«, findet Diedrich, der der Ansicht ist, dass die Rechtslage »dringend dem medizinischen Fortschritt angepasst werden« müsse.[18]

Aus ihnen sollen die Reproduktionsmediziner dann denjenigen auswählen dürfen, der am ehesten geeignet erscheint, sich in der Gebärmutter einzunisten. Beim so genannten »elective single embryo transfer« (SET) würden, wie Diedrich im Jahr 2005 auf der oben erwähnten Veranstaltung in Berlin erläuterte, »mehrere Eizellen befruchtet, die Entwicklung der Embryonen beobachtet und nach morphologischen Kriterien ein ideal beurteilter Embryo in den Uterus transferiert, von dem am ehesten zu erwarten ist, dass er sich einpflanzt«. Auf diese Weise würde »nicht nur die Schwangerschaftsrate dieser belastenden und aufwendigen Behandlungsmethode deutlich verbessert, sondern auch die Mehrlingsschwangerschaft – nach wie vor die Crux der Reproduktionsmedizin in Deutschland – verhindert.«[19]

Dass dies nicht nur die Selektion von Embryonen vor der Implantation zur Folge hätte, sondern auch die Frage aufwirft, was mit den dann »überzähligen«, nicht transferierten Embryonen geschehen soll, macht den Fortpflanzungsmedizinern kein Kopfzerbrechen. Nach Ansicht des evangelischen Theologen Hartmut Kress, der an der »Rheinischen Friedrich-Wilhelms-Universität« in Bonn Sozialethik lehrt, sprächen sogar »starke Argumente für das Verfahren«. Sie ergäben sich »aus dem Anrecht von Menschen auf Gesundheitsschutz und auf Gesundheitsversorgung, die dem Stand der medizinischen Wissenschaft entspricht, sowie aus dem überlieferten arztethischen Gebot, Schaden zu vermeiden«.[20] Da bereits jetzt keine Frau gezwungen werden könne, sich einen zuvor künstlich erzeugten Embryo auch tatsächlich einsetzen zu lassen, gäbe es bereits heute in Deutschland überzählige Embryonen. Ausschlaggebend für die ethische Bewertung sei, »dass es sich beim Übrigbleiben von Embryonen faktisch um keinen neuen Sachverhalt handelt«.[21]

Doch macht es ethisch einen gewaltigen Unterschied, ob das »Übrigbleiben« von Embryonen, wie im jetzigen Gesetz durch die Vorschrift, alle befruchteten Embryonen zu transferieren, wenn auch nicht faktisch, so doch vom Prinzip her ausgeschlossen wird oder ob das »Übrigbleiben« durch die Produktion zu vieler Embryonen, die eine bessere Auswahl erlauben sollen, prinzipiell angestrebt wird.

Kress ficht derartige »Details« nicht an. Der Theologe hält dagegen: Da ein »Präimplantationsembryo« noch »ganz unentwickelt« sei, dem »Gesundheitsschutz der Schwangeren« aber »existenziell wie grundrechtlich« ein »sehr hohes Gewicht« zukomme, könne eine »Güterabwägung Letzterem den Vorrang einräumen«.[22] Dies kann allerdings nur der meinen, der die Auffassung vertritt, dass dem Embryo frühestens mit der Nidation Schutz zukommt, und nicht wie es das Embryonenschutzgesetz vorschreibt, bereits ab dem Moment seiner Erzeugung.

Was von Leuten wie Diedrich und Kress wie eine unwesentliche Änderung präsentiert und obendrein mit der Behauptung garniert wird, dem Grauen des Fetozids entgegentreten zu wollen, käme in Wirklichkeit einem Paradigmenwechsel gleich. Mit ihm würde das von den meisten Reproduktionsmedizinern und manchen Ethikern verfochtene Modell eines abgestuften Lebensschutzes nicht länger nur theoretisch diskutiert, sondern auch – zum ersten Mal in Deutschland – faktisch gesetzlich festgeschrieben. Im Ergebnis wäre der Embryo dann – ähnlich wie in Großbritannien – bis zur Einnistung in die Gebärmutter vogelfrei.

Die katastrophalen Folgen, die ein solcher Schritt brächte, liegen auf der Hand: Da der SET eine Selektion erfordert, würde eine Änderung des Embryonenschutzgesetzes, die das legalisiert, auch die mit der PID verbundene Selektion nicht mehr aufhalten können. Die künftig massenhaft nicht transferierten Embryonen würden über kurz oder lang vernichtet oder gleich der Forschung zur Verfügung gestellt. Mit dem SET die Auswüchse der Reproduktionsmedizin bekämpfen zu wollen, ist, als wollte man den Teufel mit dem Beelzebub austreiben.

Davon abgesehen würde der SET weder die so genannten

Mehrlingsschwangerschaften noch den Fetozid aus der Welt schaffen.

Wie der oben beschriebene Fall zeigt, führt auch die künstliche Befruchtung zu eineiigen Zwillingen, welche die Reproduktionsmediziner dann – ihren eigenen Grundsätzen folgend – durch eine Reduktion »therapieren« müssten. Doch selbst wenn die Reproduktionsmedizin künftig auch die Empfängnis von Zwillingen als »erfolgreiche Schwangerschaft« betrachten würde, käme der Fetozid spätestens dort wieder ins Spiel, wo die Durchführung einer vorgeburtlichen Diagnostik einen auffälligen Befund ergäbe.

»Vorgeburtliche Diagnostik ist ein hochtrabender Begriff für eine Medizin, die eigentlich in vielen Fällen eine reine Selektion bedeutet«, erläutert Mallmann. »Therapie« sei in den wenigsten Fällen möglich, die Selektion »der Regelfall«. »Der Arbeitsauftrag an uns Ärzte lautet, die Mutter vor der Last eines kranken Kindes zu bewahren«, sagt Mallmann. Dieser werde »nicht erfüllt«, wenn die Schwangerschaft zur »Geburt eines lebenden, aber behinderten Kindes« führe.

Weil auch hier der Fetozid als Mittel der Wahl gilt, würde der SET ihn keineswegs aus der Medizin verbannen. Mallmann, der den Fetozid verteidigt, ist zumindest ehrlich: »Es gibt nur eine Lösung dieses Problems – man verzichtet komplett auf die vorgeburtliche Diagnostik. Wenn man sie durchführt, muss man auch die Konsequenzen tragen.«[23]

---

1 vgl. Deutsches IVF-Register 2005. S. 14.
2 vgl. ebenda.
3 vgl. Skript Prof. Dr. Hermann Hepp: »Höhergradige Mehrlinge – Pränataler Fetozid.« Vortrag auf der DGGG-Veranstaltung »Kinderwunsch in der Krise« am 28. Juni 2005 in Berlin. S. 1.
4 ebenda
5 vgl. wie Anm. 3, S. 2.
6 vgl. »Drei sind einer zu viel.« Der Spiegel 4/2002. S. 81.

7 vgl. wie Anm. 3 S. 3.
8 Mallmann, Peter: Therapie ist in den wenigsten Fällen möglich. LebensForum Nr. 54 (2000) S. 11–13. Hier S. 12.
9 ebenda S. 13.
10 ebenda S. 12.
11 wie Anm. 3, S. 4.
12 vgl. Fetozid: Gedanken, Erfahren, Definitionen. ABC-Info Nr. 8, Hannover 2001. S. 7.
13 ebenda
14 ebenda
15 ebenda S. 8.
16 ebenda
17 ebenda
18 »Nur noch halb so viele Babys aus dem Labor.« Die Welt v. 16. 4. 2007.
19 Rehder, Stefan: Vorsicht Falle. LebensForum Nr. 75 (2005) S. 25–29. Hier S. 27.
20 ebenda S. 28.
21 ebenda
22 ebenda
23 wie Anm. 8, S. 12.

»Die Menschheit als Masse dem Gedeihen einer einzelnen stärkeren Species Mensch geopfert – das wäre ein Fortschritt.«

FRIEDRICH NIETZSCHE
»Zur Genealogie der Moral«

KAPITEL 18

Von Post- und Transhumanisten

»Mensch, erschaffe dich selbst« oder was die Biobastler eigentlich wollen

Für Menschen hatte Friedrich Nietzsche (1844–1900) nicht viel übrig. Von den meisten zog er sich angewidert zurück. »Ich habe allmählich fast alle meine Beziehungen abgeschafft, (…). Jetzt sind Sie an der Reihe«,[1] schreibt er im Herbst 1888 seiner Gönnerin, der Schriftstellerin Malwida von Meysenbug. Allein im »Übermenschen« erblickt Nietzsche jenen »Typus Mensch, der mir nicht Ekel machen soll«, einem »Cesare Borgia hundertmal ähnlicher als einem Christus«.[2]

Nicht einmal die Verwandtschaft vermag für Entlastung zu sorgen. Im Gegenteil: »Wenn ich den tiefsten Gegensatz zu mir suche, die unausrechenbare Gemeinheit der Instinkte, so finde ich immer meine Mutter und Schwester – mit solcher canaille mich verwandt zu glauben, wäre eine Lästerung auf meine Göttlichkeit.«[3]

Die Abscheu, die Nietzsche vor den meisten Menschen empfindet, denen er begegnet, wird nur noch überboten von dem Hass, den er für das Christentum hegt. Am Ende seiner Autobiographie »Ecce homo«, in der er Kapitel mit Überschriften wie »Warum ich so weise bin«, »Warum ich so klug bin« oder auch »Warum ich so gute Bücher schreibe« versieht, wird er ihm ein letztes Mal unmissverständlich Ausdruck verleihen.

Dreh- und Angelpunkt dieses Hasses ist die Moral. Moral ist für Nietzsche etwas, das sich die Schwachen ausgedacht und dann allgemein verordnet hätten, um sich vor den Starken zu schützen. Zu seinem wahren Selbst könne der Mensch daher nur kommen, wenn er sie hinter sich lasse. Besonders hinderlich sei die »christliche Moral«, »die bösartigste Form des Willens zur Lüge, die eigentliche Circe der Menschheit«. Unter dem »heiligen Vorwand, die Menschheit zu verbessern«, habe sie das Leben ausgesaugt. In ihrer christlichen Variante erweise sich die Moral »als Vampirismus«. Der Begriff »Gott« sei als »Gegensatz-Begriff zum Leben« erfunden worden und enthalte »in eine entsetzliche Einheit gebracht« alles »Schädliche, Vergiftende, Verleumderische, die ganze Todfeindschaft gegen das Leben«. Der Begriff des »Jenseits« sei erdacht worden, um »die einzige Welt zu entwerten, die es gibt«; die Begriffe »Seele«, »Geist« und »zuletzt gar noch unsterbliche Seele, um den Leib zu verachten, um ihn krank – ›heilig‹ zu machen, um allen Dingen, die Ernst im Leben verdienen, (...) einen schauerlichen Leichtsinn entgegenzubringen«. Mit Begriffen wie »Sünde« und »freier Wille« werde der Zweck verfolgt, »die Instinkte zu verwirren« und das Misstrauen gegen sie »zur zweiten Natur zu machen«. Im »Selbstlosen« und sich »Sich-selbst-Verleugnenden« erblickt Nietzsche eine Anleitung zur »Selbst-Zerstörung«, in der »Nächstenliebe« die »Niedergangs-Moral par excellence«.[4] Verhasst sind ihm daher die »guten Menschen«, in der er die »Partei allen Schwachen, Kranken, Missratenen, An-sich-selber-Leidenden« erkennt; kurz all das, »was zugrunde gehn soll«.[5] Diese »Sklavenmoral«, die aus dem Menschen ein widernatürliches Wesen gemacht habe, will Nietzsche durch die »Umwertung aller Werte« in die Luft sprengen: Gut sei allein, was stark mache. Böse alles, was schwach mache. So wird der Weg frei für den durch nichts mehr domestizierten »Übermenschen«. Der utopische »Übermensch« ist für Nietzsche erst der eigentliche Mensch, der »Sinn der Erde«, wie er in »Zarathustras Vorrede« schreibt: »Was ist der Affe für den Menschen? Ein Gelächter oder eine schmerzliche Scham. Und ebendas soll der Mensch für den Übermenschen sein: ein Gelächter oder eine schmerzliche Scham.«[6]

Der Sprachkünstler unter den zeitgenössischen Philosophen des deutschsprachigen Raums, Peter Sloterdijk, nennt Nietzsche den »Meister des gefährlichen Denkens«[7] und liefert damit eine der wenigen Fremdeinschätzungen, die Nietzsche, der zeitlebens daran litt, unterschätzt zu werden, vermutlich gefallen hätte. Wer Nietzsche zu verstehen sucht, ist dennoch bei Rüdiger Safranski besser aufgehoben: In »Nietzsche – Biographie seines Denkens« schreibt Safranski: »Der Übermensch gibt sich selbst das Gesetz des Handelns, das darum ein individuelles Gesetz ist, jenseits der herkömmlichen Moral, die den gewöhnlichen Menschen im Zaum hält, aber den Übermenschen nur behindern kann.«[8]

»Selbsterhaltung« ist für Nietzsche laut Safranski »nur in der Logik der Steigerung möglich. Was lediglich die Kraft zur Selbsterhaltung aufbringt, geht unter. Es erhält sich nur, wenn es sich steigert, intensiviert, ausdehnt.«[9] Für Nietzsche habe das Lebendige »keinen transzendenten Sinn, aber einen immanenten Richtungssinn. Es ist auf Intensitätssteigerung und aufs Gelingen aus und versucht das Fremde in die eigene Machtsphäre zu integrieren. Das Lebendige waltet, indem es überwältigt. Das ist ein energetischer Prozess und als solcher sinnlos, weil auf keinen übergeordneten Zweck bezogen.«[10] Unter der Prämisse »Gut ist, was stark macht« sind Opfer nicht nur erlaubt, sondern sogar geboten: In seiner Schrift »Zur Genealogie der Moral« schreibt Nietzsche: »Die Menschheit als Masse dem Gedeihen einer einzelnen stärkeren Species Mensch geopfert – das wäre ein Fortschritt.«[11] Man könnte Nietzsche daher mit einigem Recht auch als den ersten Post- oder Transhumanisten bezeichnen, der, lange bevor der technische Fortschritt den Menschen die heutigen Möglichkeiten der Gentechnik an die Hand gab, eine Rechtfertigung für ihren hemmungslosen Einsatz ersann.

Der Begriff des »Transhumanismus« geht zurück auf den britischen Biologen Sir Julian Huxley (1887–1975), dessen Halbbruder Aldous (1894–1963) mit dem Roman »Schöne neue Welt« berühmt wurde. In seinem 1957 erschienenen Buch »Neue Flaschen für neuen Wein« erläutert Julian Huxley, was damit gemeint ist: Mit Hilfe von Wissenschaft und Technik könne die menschliche Spezies über sich selbst hinauswachsen. »Nicht nur sporadisch, ein Individuum auf die eine Art, ein anderes auf eine andere Art und Weise, sondern als Gesamtheit, als Menschheit.«[12]

Als Bezeichnung für diese »neue Überzeugung« offeriert er »Transhumanismus« und definiert: »Der Mensch bleibt Mensch, aber er transzendiert sich selbst durch die Verwirklichung neuer Möglichkeiten in und über seine menschliche Natur.« Dass dieser neue, aufgerüstete Übermensch den Abschied vom Menschen, so wie wir ihn kennen, bedeutet, daran lässt Huxley keinen Zweifel. Pathetisch schreibt er: »Ich glaube an den ›Transhumanismus‹: Sobald es genug Menschen gibt, die das wahrhaftig sagen können, wird die menschliche Art an der Schwelle einer neuen Art von Existenz stehen; so verschieden von unserer, wie die unsere von der des

Pekingmenschen ist. Sie wird schließlich bewusst ihre wahre Bestimmung erfüllen.«[13] Nicht nur der hochtrabende Ton, auch die Rücksichtslosigkeit, die Huxley an den Tag legt, erinnern an Nietzsche.

»Bis heute« sei das menschliche Leben im Allgemeinen »hässlich, brutal und kurz« gewesen. Die Menschen hätten versucht, »ihr Elend durch ihre Hoffnungen oder ihre Ideale zu erleichtern«. Wissenschaft und Technik ermöglichten es nun, neue Wege einzuschlagen: »Mit gutem Recht sind wir der Überzeugung, dass menschliches Leben, wie wir es aus der Geschichte kennen, ein in der Ignoranz wurzelndes erbärmliches Notbehelf ist, und dass es durch eine Existenz, die auf Erleuchtung durch Wissen und Verstehen basiert, überwunden werden könnte.« Um dies zu erreichen, gelte es, eine »günstige soziale Umgebung zu schaffen« und »mit neuen Grundlagen« zu beginnen. Zum Beispiel mit der, »dass die Qualität, nicht die bloße Anzahl der Menschen unser Ziel sein muss und deshalb eine gezielte Politik notwendig ist, um die gegenwärtige Flut des Bevölkerungswachstums daran zu hindern, all unsere Hoffnungen auf eine bessere Welt zunichte zu machen«.[14]

Auf dem berühmt-berüchtigten Londoner »Ciba-Kongress« des Jahres 1962, der von der Ciba-Stiftung des gleichnamigen Schweizer Chemiekonzerns Ciba, heute Novartis, veranstaltet wurde, und zu dem 27 führende Biologen, Mediziner und Genetiker – darunter sechs Nobelpreisträger – geladen waren, wurde Huxley noch deutlicher. Unter der Überschrift »Die Zukunft des Menschen im Zusammenhang evolutionärer Perspektiven« hielt er den Eröffnungsvortrag. Huxley begann, indem er die Evolution in drei Epochen, eine anorganische, eine organische und eine psychosoziale unterteilte. In der letzten – der unsrigen – sei »sich der gewaltige Evolutionsprozess in der Person des forschenden Menschen seiner selbst bewusst« geworden. Nun sei es das »Vorrecht« des Menschen, die »bewusste Evolution« zu verwirklichen.

Im Anschluss daran beklagte Huxley die seiner Ansicht nach immer schlechter werdende »genetische Qualität« des Menschen. Da die »natürliche Selektion« durch die Zivilisation gesellschaftlich aufgehoben und »genetische Defekte« dadurch »künstlich am Leben erhalten« würden, könne sie allein durch »eugenische Maßnahmen« korrigiert werden.[15] Wie die Eugenik durchzuführen sei, ließ Huxley offen. Nur so viel gab er preis: Es dauere zu lange, »wenn man nur die hochwertigen Individuen ermutigen würde, mehr Kinder zu zeugen«.[16]

Heute, 50 Jahre nachdem Huxley den Begriff des Transhumanismus prägte, bekennen sich viele führende Wissenschaftler aus den so genannten Schlüsseltechnologie-Branchen offen zum Transhumanismus oder müssen aufgrund der von ihnen vertretenen Thesen dieser Bewegung zugerechnet werden. Ihre Anführer lehren an bedeutenden Universitäten, leiten große Forschungsinstitute und publizieren Bestseller. Unter ihnen sind so bekannte Forscher und Autoren wie Rodney Brooks, Autor des Buches »Menschmaschinen« und Direktor des Laboratoriums für Künstliche Intelligenz am renommierten »Massachusetts Institute of Technology« (MIT), die Soziologen Riccardo Campa und James Hughes, der Nanotechnologe Eric Drexler, der Computerspezialist Ray Kurzweil, Berater des früheren US-Präsidenten Bill Clinton und Autor des Buches »Homo S@apiens«, der Robotikprofessor Hans Moravec, der KI-Forscher Marvin Minsky, der Biophysiker Gregory Stock oder auch der Soziobiologe Richard Dawkins. Mit der 1998 von dem britischen Philosophen Nick Bostrom ins Leben gerufenen »World Transhumanist Association« (WTA) verfügen die Transhumanisten zudem über eine internationale Dachorganisation, die jedes Jahr in einer Weltmetropole eine aufsehenerregende internationale Konferenz organisiert.

Die Transhumanisten streben danach, die Evolution in die eigene Hand zu nehmen. Mit Hilfe von Wissenschaft und Technik wollen sie die »suboptimalen biologischen Lösungen durch eigene, unseren Vorstellungen entsprechende« ersetzen. Dank des wissenschaftlich-technischen Fortschritts sei der Mensch nicht länger »auf das blinde Spiel der Natur« angewiesen, sondern könne sich »endlich frei entfalten«. Als anzustrebende »Verbesserung« betrachten Transhumanisten vor allem die »Verlängerung der maximalen Lebenserwartung, die Erhöhung der Intelligenz sowie physische und psychische Verbesserung des Menschen«.[17]

Als bevorzugte »Werkzeuge der Umgestaltung« gelten ihnen die Molekularbiologie, die Genetik einschließlich der Eingriffe in die menschliche Keimbahn, sowie die molekulare Nanotechnologie und die Kybernetik. Radikale Transhumanisten, die sich auch »Extropianer« nennen, halten den »Abschied vom Menschsein im heutigen Sinne« erst dann für erreicht, »wenn wir in der Lage wären, den menschlichen Geist auf Computern ausreichender Rechenleistung ablaufen zu lassen«. Denn erst dann wäre man »dem alten Traum von Unsterblichkeit ein großes Stück näher, und die Verbindung vieler einzelner Geister zu einem ›Super-Bewusstsein‹ planetaren Maßstabs wäre der Beginn einer Intelligenz, die auf kosmischen Skalen agiert und nichts mehr gemein hat mit den denkenden Zweibeinern auf wässriger Basis, aus denen sie einst entstand«.[18]

»Wir sind überzeugt, dass Altern und Tod vermeidbar sind. (...) Für uns stellt die Menschheit nur ein Übergangsstadium im Prozess der Evolution von Intelligenz dar und wir befürworten den Einsatz von Technik, um unseren Übergang vom menschlichen zum transhumanen oder posthumanen Zustand zu beschleunigen«,[19] erläutert der in Kalifornien residierende Chefdenker des Extropianismus, Max More. 1964 in Bristol als Max O'Connor geboren, studierte er bis 1987 Philosophie in Oxford. Mit dem Wechsel an die Universität von Südkalifornien änderte er auch seinen Namen und machte ihn zum Programm: Maximum More.[20]

»Uploading« nennen die Extropianer den Prozess, »bei dem das Bewusstsein eines Menschen aus dem Gehirn – wie auch immer – extrahiert und digital gespeichert werden soll. Um die angestrebte Unsterblichkeit auch garantieren zu können, sollen natürlich möglichst viele Kopien erstellt werden, die, im ganzen Universum verteilt, selbst bei der Zerstörung einzelner Pseudoindividuen die ewige Fortexistenz sichern sollen. Auf diese Weise sollen die Kopien gleichzeitig das Universum erforschen, ihm die letzten Geheimnisse entreißen und es vor der Entropie bewahren, sprich beherrschen.«[21]

Da bis heute niemand auch nur eine annähernd genaue Vorstellung davon besitzt, was Bewusstsein eigentlich ist, darf dieses Endziel mit einigem Recht für eine ausgesprochen absurde Utopie gehalten werden. Das heißt nicht, dass man den Transhumanismus nicht ernst nehmen müsste. Im Gegenteil: Die Gefährlichkeit einer Idee bemisst sich letztlich nicht daran, wie realistisch ihre Umsetzung erscheint, sondern danach, wie weit ihre Anhänger für deren Verwirklichung zu gehen bereit sind. Auch die ebenfalls utopischen Ideologien des Nationalsozialismus und des Kommunismus, die Geißeln des 20. Jahrhunderts, die gleichfalls den real existierenden Menschen verachteten und ihn einem utopischen Ziel unterordneten, blieben hinter ihren eigentlichen Zielen zurück.

Sollen wir uns nun damit trösten, dass es noch schlimmer hätte kommen sollen?

»Gewiss, der Zahl nach sind die Transhumanisten ein kleines Häuflein extremer Denker«, räumt Alexander Kissler ein. Dennoch seien die Prämissen ihres Denkens auf dem Weg, Allgemeingut zu werden. »Zum Beispiel jene, dass Technik an die Stelle von Bildung, Naturwissenschaft an die Stelle von Religion zu treten habe.«[22] Und selbst der sonst so liberale, sich selbst für »religiös unmusikalisch« haltende Jürgen Habermas findet: »Transhumanistische Vorstellungen gefährden unsere Gattung.«[23]

Indem der Transhumanismus »nicht weniger als die mögliche totale Umgestaltung der menschlichen Art, die selbstgesteuerte Evolution«[24] erstrebt, propagiert er letztlich die Schaffung von »Übermenschen«, auch wenn Transhumanisten diese Bezeichnung meist meiden. Max More, der seinen Körper durch Bodybuilding stärkt, formuliert unmissverständlich, worum es »Transhumanisten«, »Extropianern« und »Posthumanisten« geht: »Wir wollen nicht nur normal sein, wir wollen supernormal sein, supergesund, superstark, superintelligent.«[25] Dass dies erhebliche Konsequenzen auch für alle diejenigen haben werde, die stattdessen lieber – mit oder ohne Defekte – Menschen bleiben wollen, daran lässt More keine Zweifel aufkommen: Man brauche einen »neuen Gesundheitsbegriff«, erklärt er. Bislang habe jemand als gesund gegolten, dessen Körperfunktionen im normalen Bereich gelegen hätten. Mit Drogen, Prothesen und Implantaten, die klinisch gesunden Menschen zu höherer Leistungsfähigkeit verhelfen sollen, könnten die meisten Medizinverwalter noch nicht umgehen. Das werde sich jedoch bald ändern. Denn früher oder später werde »der kombinierten Kraftanstrengung von wissenschaftlichem Forscherdrang, transhumanistischer Aufklärungsarbeit und einem eindeutig vorhandenen Massenbedürfnis, das sich rücksichtslos auf dem Markt bedienen wird«, Erfolg beschieden sein.[26]

Die Gefahr, dass More hiermit recht behält, ist gewaltig. Schon jetzt gibt es eine ständig steigende Nachfrage nach Psychopharmaka, die, wie Prozac, bei gesunden Menschen »Stimmungen aufhellen«, oder, wie Ritalin, die »Konzentration erleichtern«. Francis Fukuyama, ein Liberaler, der internationale politische Ökonomie an der »Johns Hopkins Universitäty« in Baltimore lehrt, hält den Transhumanismus »für die gefährlichste Idee der Welt«. In seinem 2002 erschienenen Buch »Das Ende des Menschen« widmet er der Verhaltenskontrolle durch Neuropharmaka ein ganzes Kapitel. Nicht weil er ihren Gebrauch prinzipiell als schädlich oder gar böse erachtet, sondern weil er in ihrem ausufernden Gebrauch »Vorboten kommender Dinge« erblickt.[27] »Wir müssen«, schreibt Fukuyama, »nicht auf die Genmanipulation und die Designerbabys warten, um einen Vorgeschmack auf die politischen Kräfte zu erhalten, die die neuen medizinischen Techniken vorantreiben werden; sie alle sind im Reich der Neuropharmakologie bereits am Werk.«[28]

Fukuyama, der auch Mitglied des President's Council on Bioethics ist, nennt drei Elemente. Das »Begehren normaler Menschen, ihr Verhalten so weit wie möglich medikamentös steuern zu lassen und so die eigene Verantwortung für ihr Handeln zu verringern«. Zweitens den »Druck starker wirtschaftlicher Interessengruppen, bei diesem Prozess behilflich zu sein«. Fukuyama erwähnt hier die Unternehmen der Pharma-Industrie, die derartige Präparate herstellen, aber auch Ärzte, Lehrer und andere Dienstleister, die »biologische Schnellverfahren der komplexen Auseinandersetzung mit Verhaltensweisen vorziehen«. Und schließlich drittens die »Neigung, den therapeutischen Bereich so stark auszudehnen, dass eine immer größer werdende Anzahl von Zuständen darunter fällt«. Da sich jederzeit irgendwo irgendein Arzt finden lasse, »der einem bestätigt, dass die eigene unangenehme oder schmerzliche Lage Ausdruck einer Krankheit ist«, sei es nur »eine Frage der Zeit, bis die Gesellschaft insgesamt diesen Zustand als Behinderung im juristischen Sinne betrachtet, der eines kompensatorischen öffentlichen Eingriffs bedarf«.[29]

Eine Entwicklung, die auch die übrigen Berater von US-Präsident George W. Bush mit Sorge betrachten. Seinen im Herbst 2003 vorlegten Bericht überschrieb das Council mit dem Titel »Beyond Therapy« und machte damit deutlich, dass die Medizin dabei sei, den Bereich der Therapie zu verlassen. Zugleich verwies es im Untertitel »Biotechnology and the Pursuit of Happiness« darauf, wohin diese gegenwärtige Entwicklung zielt: Das »Streben nach Glück« soll nun mit Hilfe der Biotechnologie erreicht werden.

Hier gelangen wir an den Punkt, an dem wir unserer Zivilisation das Genick brechen. Galt die Technik bislang als bevorzugtes Mittel, das Leben der Menschen einfacher und angenehmer zu gestalten, so wird sie nun zunehmend als Werkzeug betrachtet, um den Menschen selbst zu verändern. So utopisch einige der transhumanistischen Visionen auch erscheinen mögen: Das Projekt der Umformung des Homo sapiens durch Technologie ist bereits angelaufen und es betrifft die ganze Menschheit. Dies gilt ganz unabhängig davon, wie viel »Erfolg« ihm am Ende beschieden sein wird und wie umfangreich oder bescheiden in der Folge die Möglichkeiten des Einzelnen ausfallen werden, sich diesem Projekt noch zu entziehen.

Dabei wird häufig übersehen: Unabhängig davon, ob man den Menschen als Geschöpf Gottes oder nur als Werk der

Evolution betrachtet – der vermeintliche Aufstieg des Menschen wäre tatsächlich ein Abstieg. Und zwar unvermeidlich; denn sobald sich der Mensch zum Schöpfer seiner Selbst aufschwingt, reiht er sich zugleich in die Galerie seiner übrigen Werke ein.

»Desertiert« der Mensch, wie der Philosoph und Essayist Günter Anders mit Blick auf das »Human Engineering« einmal schrieb, »ins Lager seiner Geräte«,[30] dann wird dies auch für die Menschenrechte nicht ohne Folgen bleiben können. Denn wir vermögen zwar unsere Werke zu bewundern, aber wir pflegen ihnen keine unantastbaren Rechte einzuräumen.

---

1 Nietzsche, Friedrich: Sämtliche Briefe. Kritische Studienausgabe in acht Bänden. München 1986. Band 8, S. 457.
2 ebenda S. 458.
3 vgl. Nietzsche, Friedrich: Sämtliche Werke. Studienausgabe in 15 Bänden. Hrsg. v. Colli, Giorgio / Montinari, Mazzino. München 1980. Band 6, S. 268.
4 ebenda S. 372 ff.
5 ebenda S. 374.
6 vgl. Nietzsche, Friedrich: Sämtliche Werke. Studienausgabe in 15 Bänden. Hrsg. v. Colli, Giorgio / Montinari, Mazzino. München 1980. Band 4, S. 14.
7 Sloterdijk, Peter: Regeln für den Menschenpark. Ein Antwortschreiben zu Heideggers Brief über den Humanismus. Frankfurt a. Main, 1999. S. 37.
8 Safranski, Rüdiger: Nietzsche – Biographie seines Denkens. Frankfurt am Main 2002. S. 274.
9 Safranski, Rüdiger: Das Böse oder Das Drama der Freiheit. 4. Aufl. Frankfurt am Main 2001. S. 262.
10 ebenda
11 wie Anm. 3 Band 5, S. 315.
12 Huxley, Julian: »New Bottles for New Wine«, New York 1957. Zit. nach http://www.detrans.de/Dokumente/huxley.html
13 ebenda
14 ebenda
15 »Eugenik und Ökologie: Ein prekäres Gespann.« Die Wochenzeitung 43/2002.
16 ebenda
17 vgl. http://www.detrans.de/transhuman.html
18 ebenda
19 »Wenn ich einmal groß bin, möchte ich Gott werden.« Die Zeit 4/2006, Kursbuch 146.
20 vgl. ebenda

21 ebenda
22 Kissler, Alexander: Der geklonte Mensch. Das Spiel mit Technik, Träumen und Geld, Freiburg im Breisgau 2006. S. 118.
23 Zit. nach Leis, Miriam: Transhumanismus – Selbst- und Fremdverständnis. Vortragsskript
24 wie Anm. 16.
25 »Die Avantgarde der Evolution.« Telepolis v. 26. 6. 1996.
26 ebenda
27 Fukuyama, Francis: Das Ende des Menschen. Stuttgart 2002. S. 82.
28 ebenda
29 ebenda
30 vgl. wie Anm. 18.

»Das Verbrechen, das zu begehen man sich anschickt, ist manchmal so furchtbar, dass der Vorwand der Nation nicht ausreicht und man sich auf die Menschheit berufen muss.«

Nicolás Gómez Dávila
»Verleumdet wie ein Reaktionär«

KAPITEL 19

Update Mensch 2.0

Warum der Verzicht auf Eingriffe in das menschliche Erbgut nur ein vorläufiger sein wird

Als »Maschinenstürmer« taugt Bill McKibben nicht. An den meisten der heute im Einsatz befindlichen Technologien, die Forscher in den letzten Jahren und Jahrzehnten auf den Gebieten der Medizin und der Gentechnik entwickelt haben, hat der renommierte US-amerikanische Wissenschaftsjournalist nichts auszusetzen. So stößt nicht einmal die Produktion und Selektion von Embryonen im Reagenzglas oder die Forschung mit embryonalen Stammzellen bei McKibben, der den Lesern der »New York Times« und der »New York Review of Books« die Welt der Wissenschaft näherbringt, auf erkennbaren Widerspruch. Doch selbst McKibbens Nachsichtigkeit kennt Grenzen. Sein 2003 erschienenes Buch »Genug! Der Mensch im Zeitalter seiner genetischen Reproduzierbarkeit«[1] ist ein flammendes Plädoyer gegen jene Technik, auf die letztlich alle Gentechnik beim Menschen abzielt: die Keimbahnmanipulation.

Als Keimzellen werden die Ei- und Samenzellen bezeichnet. Durch ihre Verschmelzung wird das Erbgut der Eltern neu kombiniert an die nächste Generation weitergegeben. Wer Gott spielen und den Menschen nach seinem eigenen Bild neu schaffen will, muss daher hier ansetzen und versuchen, die genetische Information so zu verändern, dass er das gewünschte Ergebnis erhält. Bei einem erfolgreichen Eingriff würden alle Zellen der Nachfahren die angestrebten Veränderungen aufweisen und könnten die mit ihnen verbundenen Merkmale auch auf die nachfolgende Generation vererben. Deswegen ist die Keimbahnmanipulation – sieht man einmal von der Produktion biologischer Kampfstoffe ab – die folgenreichste aller Techniken, die bislang mittels Gentechnik ersonnen wurden.

Die genetische Manipulation von Bakterien – der erste entsprechende Versuch wurde bereits 1973 durchgeführt – gehört heute zur Routine. »Bakterien kann man problemlos fremde Gene hinzufügen«, erläutert der Molekularbiologe Lee Silver. Es reiche völlig, ein »bisschen DNS in die Kulturschale« zu kippen. Allerdings müsse das Ganze in einer Lösung stattfinden, »die auf der Zelloberfläche in rascher Folge winzige Löcher entstehen und wieder verschwinden lässt«. Sei die DNS »zur richtigen Zeit am rechten Ort«, könne sie durch eines dieser Löcher »ins bakterielle Zytoplasma schlüpfen«.[2]

Auch bei Säugetieren wird die Manipulation der Keimbahn in Versuchen mit Mäusen, Kaninchen, Schweinen, Kühen und Schafen schon seit längerem erprobt. Im Jahr 1980 durchbohrten Frank Ruddle und Jon Gordon von der Universität Yale mit einer mikroskopisch kleinen Injektionsnadel die Membran eines einzelligen Mäuseembryos und injizierten ihm artfremde DNS direkt in den Zellkern. Die DNS wurde von einem Chromosom des Mäuseembryos aufgenommen und anschließend – durch alle Zellteilungen hindurch – in jede Zelle der Maus hineinkopiert und von dieser anschließend an ihre Nachkommen weitergegeben. Inzwischen sind Hunderte so genannte transgene Tiere geschaffen worden.[3]

Von der transgenen Maus bis zum transgenen Menschen mag es zwar ein weiter Weg sein, doch sind die Einschläge längst bedrohlich nah gekommen. Um die Jahrtausendwende wurde in einem Labor der Oregon Health Science University ein Rhesusaffe namens »ANDi« geboren, der als erster Primat eine erfolgreiche Keimbahnmanipulation überlebte. ANDi steht – rückwärts gelesen – für inserted DNA«.[4] In ANDis DNS hatten Forscher um den späteren Hwang-Woo-Suk-Gefährten Gerald Schatten Gene einer phosphoreszierenden Qualle eingebaut. Das Experiment ist schon deshalb beachtenswert, weil mit ihm einzig und allein der Zweck verfolgt wurde zu beweisen, dass die Keimbahnmanipulation bei Primaten funktioniert und daher auch beim Menschen als technisch möglich erscheinen muss.

Für das Experiment hatten Schatten und sein Team 224 Rhesusaffen-Eizellen mit dem Quallen-Gen bestückt. Nach künstlicher Befruchtung der manipulierten Eizellen erhielten die Forscher 40 Embryos. Diese wurden 20 Affenweibchen transferiert. Fünf von ihnen wurden schwanger, drei der Affenbabys kamen lebend zur Welt. Doch nur bei ANDi konnte das für den Leuchteffekt verantwortliche Quallen-Gen in jeder Körperzelle nachgewiesen werden.[5] Trotz der geringen Erfolgsquote zeigte sich Schatten euphorisch und bewarb die Keimbahnmanipulation beim Menschen mit den Worten: »Wir können mit dieser Methode zum Beispiel ein Alzheimer-Gen einsetzen, um so einen Impfstoff gegen diese Krankheit zu entwickeln.«[6]

Schatten ist nicht der einzige Forscher, der offen für die Keimbahnmanipulation beim Menschen eintritt. Um sie salonfähig zu machen, organisierten Gregory Stock und sein

Kollege John Campbell im März 1998 an der Universität von Kalifornien in Los Angeles einen eintägigen Kongress unter der Überschrift »Engineering the Human Germline«. Mit von der Partie waren neben dem Molekularbiologen Lee Silver auch Mario Capecchi, Professor für Humangenomik an der Universität Utah, der 1996 zusammen mit dem deutschstämmigen Klonforscher Rudolf Jaenisch den »Boehringer Ingelheim ›Molecular Bioanalytics‹ Preis« für die »Entwicklung transgener Systeme« verliehen bekam,[7] sowie der Mitentdecker der Doppelhelix James D. Watson.

»Keiner hat den Mumm, es zu sagen, aber wenn wir bessere Menschen machen können, indem wir wissen, wie man Gene hinzufügt, warum sollten wir das nicht tun?«,[8] fragte Watson im Verlauf der Veranstaltung. Die Frage des Nobelpreisträgers war rein rhetorisch. Denn die in Los Angeles zusammengekommenen Experten, zu denen auch Daniel Koshland, der frühere Herausgeber des Wissenschaftsmagazin »Science«, Leroy Hood, der Konstrukteur der ersten DNA-Sequenziermaschine, und French Anderson, der Pionier auf dem Gebiet der Gentherapie gehörten, diskutierten gar nicht mehr darüber, ob Menschen in das Erbgut ihrer eigenen Spezies eingreifen sollten, sondern nur noch »wann, wo und wie«[9] dies geschehen werde. Auch die Heilung schwerer Erbkrankheiten durch Manipulation der Keimbahn war allenfalls ein Randthema. Der Grund: Die meisten genetisch bedingten Krankheiten beruhen überhaupt nicht auf einem einzigen defekten Gen, sondern besitzen viel komplexere Ursachen. Weil das so ist, wäre die Heilung solcher Erbkrankheiten durch Eingriffe in die Keimbahn ein ähnlich utopisches Projekt wie das »Uploading«.

Denkbar ist die Heilung von Krankheiten, die auf Gendefekten beruhen, mittels eines Eingriffs in die Keimbahn nur in ganz wenigen Fällen. So wird zum Beispiel die vererbbare Krankheit Chorea Huntington, die früher auch als Veitstanz bekannt war, durch ein einzelnes zu oft kopiertes Basen-Triplet auf Chromosom 4 verursacht. Wird das Triplet »CAG« mehr als 35-mal hintereinander wiederholt, scheint ein Ausbruch der tödlichen Krankheit unvermeidlich; auch wenn niemand mit Bestimmtheit vorhersagen kann, wann es dazu kommt. So erkranken Menschen, bei denen das betreffende Triplet 39-mal hintereinander wiederholt angetroffen werden kann, im Durchschnitt mit 66 Jahren.[10] Möglich ist freilich auch, dass der mit Chorea Huntington belastete Mensch den Ausbruch der in der Tat schrecklichen Krankheit gar nicht erlebt, weil er vorher bei einem Unfall ums Leben kommt oder aber an einer ganz anderen Krankheit stirbt. Andere Beispiele, wo eine monogene Erbkrankheit durch einen Eingriff in die Keimbahn geheilt werden könnte, indem ein defektes Gen gegen ein intaktes ausgetauscht wird, sind Mukoviszidose, auch Zystische Fibrose genannt, oder eine als Sichelzellenanämie bekannte Blutkrankheit.

Natürlich stellt sich die Frage, ob in solchen Fällen ein Eingriff in das Erbgut – sofern er technisch sicher wäre – nicht zu befürworten wäre. Angesichts der herrschenden Realität ist die Frage jedoch rein akademischer Natur. Für die Praxis ist sie absolut irrelevant. Weil die Keimbahnmanipulation nur an künstlich erzeugten Embryonen durchgeführt werden kann, wird sich – so wie die Dinge heute liegen – niemand mehr die Mühe machen, einen Embryo, den er testen und selektieren kann, stattdessen einer kostspieligen Keimbahntherapie zu unterziehen und zu hoffen, dass sie anschlägt. Statt eine Keimbahntherapie durchzuführen, würde – selbst wenn diese sicher wäre – der als krank diagnostizierte Embryo einfach »verworfen« und der gesunde implantiert.

Wer daher die Keimbahnmanipulation mit dem Argument bewirbt, mit ihr ließen sich zukünftig womöglich unheilbare Krankheiten heilen, betreibt pure Bauernfängerei. Denn in einer ethisch entkernten Medizin wird die Maxime technischen Handelns zum ungeschriebenen Gesetz. Und die lautet nun einmal nicht: Wähle den moralischen Weg! Sondern: Wähle den einfachsten Weg!

Der Zynismus, der hier offen zu Tage tritt, ist unvermeidlich. Er liegt schon in der Natur der künstlichen Befruchtung begründet. Denn wo der Mensch als herstellbares Produkt betrachtet wird, da können mit Fehlern behaftete »Produkte« nicht auf Nachsicht hoffen, wird »Qualitätssicherung« und die Weiterentwicklung des »Produkts« anhand geäußerter und vermuteter Kundenwünsche zur Pflicht. Insofern ist es auch kein Zufall, dass im Titel der von Stock und Campbell organisierten Veranstaltung anstelle von »therapy« von »engineering«, also von »Technik« statt von »Therapie« die Rede war. »Maschinenbau« statt »Heilkunst« – das ist es, was den Biobastler allgemein und den Keimbahn-Ingenieuren im Speziellen vorschwebt.

Nicht Heilung, sondern die Erweiterung unserer genetischen Basis ist daher das Ziel der Keimbahnmanipulation. Laut Gregory Stock ist »die Möglichkeit, die Gene unserer zukünftigen Kinder zu verändern«, denn auch »nicht irgendein isoliertes Nebenprodukt der Molekularbiologie, sondern integraler Bestandteil der aufkommenden Technologien, in dem ein Jahrhundert des Fortschritts in den biologischen Wissenschaften gipfelt«.[11] Dass wir, so Stock mit Blick auf das Humangenomprojekt, »Milliarden« ausgegeben haben, »um unsere Biologie zu enträtseln«, sei nicht aus »bloßer Neugier« geschehen, sondern »in der Hoffnung, unser Leben zu verbessern«.[12]

Wie die Verbesserung unseres Lebens mit Hilfe der Keimbahnmanipulation zu bewerkstelligen sei, davon haben Stock und seine Kollegen mittlerweile sehr konkrete Vorstellungen entwickelt. Statt zu versuchen, einzelne Gene einer befruchteten menschlichen Eizelle zu modifizieren, schlagen sie vor, dem Genom des Embryos ganz neue, künstliche Chromosomen hinzuzufügen, die zuvor im Labor mit den von Eltern gewünschten Designer-Genen bestückt wurden.[13] »Ein entscheidender Vorteil dieser künstlichen Chromosomen« besteht laut Lee Silver darin, »dass sie die Möglichkeit bieten, einem Embryo nicht nur ein einzelnes Gen hinzuzufügen, sondern ein ganzes Genpaket aus Hunderten oder sogar Tausenden neuer Gene mit vielen neuen Eigenschaften.«[14] Verliefe alles nach Plan, dann würde der so manipulierte Embryo zu einem gentechnisch modifizierten Kind heranwachsen. »Die von seinen Genen produzierten Proteine entsprächen der Auswahl, die seine Eltern – und die Unternehmen und Ärzte, von denen sie die Gene gekauft hätten – getroffen hätten.«[15] Leben nach dem Baukastenprinzip.

Auch der viel wahrscheinlichere Fall, dass nicht alles nach Plan verläuft, bereitet Leuten wie Stock und Silver nicht das geringste Kopfzerbrechen. »Wie immer werden wir unsere Kenntnisse erlangen müssen, indem wir die Technologie benutzen und von den Problemen lernen, die entstehen«,[16] gibt Stock gelassen zu Protokoll. Ähnlich großzügig ist auch Silver: Das Problem der »Qualitätssicherung« werde immer bestehen bleiben, räumt der Molekularbiologe ein. Doch weil es die Präimplantationsdiagnostik gibt, sei es längst lösbar. »Für die Implantation in den Bauch der Mutter« kämen eben nur die »nach Wunsch veränderten Embryonen in Betracht«.[17]

Tatsächlich scheint das Verfahren, Gene auf künstlichen Chromosomen zu installieren und diese dem Genom hinzuzufügen, alles andere als utopisch zu sein, wenn wir an den Kerntransfer bei Dolly oder auch an ICSI denken. Um es annähernd perfektionieren zu können, müssten die Wissenschaftler allerdings zunächst das Klonen weiter vorantreiben. Denn nur wenn man ausreichend genetisch identische Embryonen zu Verfügung hat, wird es den Forschern möglich werden zu erlernen, wie man ein zusätzliches Chromosomenpaar nach der in der Molekularbiologie üblichen Methode von Versuch und Irrtum an der richtigen Stelle im Zellkern unterbringt.

Das ist auch der wahre Grund, warum viele Forscher und manche Regierungen sich bislang so vehement gegen ein Verbot des Klonens menschlicher Embryonen zu Forschungszwecken wehren. »Ohne Klonen gibt es keine kommerziellen Designerbabys«, zitiert McKibben Richard Hayes, Direktor des Zentrums für Genetik und Gesellschaft in Oakland, Kalifornien[18] – einen Kritiker der Gentechnik. »Ohne Klonierung«, bestätigt auch ihr Verfechter Silver, wäre die genetische Manipulation der Keimbahn »allein in der Welt der Science-fiction möglich, doch unter Einsatz der Klonierungstechnologie rückt sie in den Bereich des real Möglichen.«[19]

Dies gilt umso mehr, als künstliche menschliche Chromosomen längst hergestellt werden. Das erste wurde 1997 von Huntington F. Willard an der Medizinischen Fakultät der Case-Western-Reserve-Universität in Cleveland konstruiert. Derzeit werden künstliche Chromosomen unter anderem von der kanadischen Firma »Chromos Molecular Systems« in Zusammenarbeit mit dem Biologischen Forschungszentrum der Ungarischen Akademie der Wissenschaften sowie von der US-amerikanischen Firma »GeneCell« entwickelt.[20]

Auf den künstlichen Chromosomen sollen laut Stock später Genmodule zum Einsatz kommen können, die von Wissenschaftlern auf der ganzen Welt hergestellt werden.[21] Angesichts solcher Visionen drängen sich Analogien zur Computerwelt geradezu auf. Während die zusätzlichen künstlichen Chromosomen dann gewissermaßen die »Hardware« darstellten, käme den Genmodulen die Funktion der »Software« zu. Wer weiß, wie Software entwickelt und vermarktet wird, kann auch erahnen, welche Folgen dies für den Menschen hätte. Er würde zum Zielobjekt eines hemmungslosen Wettbewerbs, dem die Eigenschafts-Designer großer Pharma-Konzerne und kleiner Gen-Schmieden ständig neue Trends und Moden schmackhaft machen wollten.

Vermutlich würden Produkte wie »Das absolute Gehör – Version 2.3.«, »Nachtsicht für Einsteiger«, »Schneller Kopfrechnen«, »Samtweiche Haut, nun noch samtener«, »Natürliche Bräune Vol. 3«, »Glück – kinderleicht gemacht«, »Sport-As – die Ausdauer-Erweiterung«, und selbstverständlich »Sex: länger, intensiver, besser – Vol. 20« den Markt überschwemmen.

Damit das Geschäft mit dem Design von Menschen ein möglichst einträgliches wird, dürfen auch die Produktzyklen nur von begrenzter Dauer sein. Möglich würde das, wenn die neuen Gene nicht weiter vererbt werden. Auf der Tagung in Los Angeles stellte Mario Capecci das so genannte Crelox-Rekombinationsverfahren vor. Mit ihm soll es möglich sein, ein künstliches Chromosom nach getaner Arbeit so außer Gefecht zu setzen, dass es nicht vererbt wird.[22]

»Die Empfänger auch der am besten hergestellten Chromosomen werden erst zwanzig oder dreißig Jahre nach ihrer Geburt Kinder wollen. Ihr einst auf der Höhe der Zeit befindliches Chromosom wird dann hoffnungslos veraltet sein, und sie werden ihren Kindern die neuesten Genkassetten und künstlichen Chromosomen geben wollen. Das unterscheidet sich nicht sehr von verbesserter Software: Man wird einfach die neue Version verlangen«,[23] glaubt Stock.

»Ich war so frei und habe alle potentiell abträglichen Beschwerden ausgeschaltet. Vorzeitige Kahlheit, Kurzsichtigkeit, Alkoholismus und Suchtanfälligkeit, Neigung zu Gewalt, Fettleibigkeit«, erklärt der Keimbahningenieur in dem Film »Gattaca« Vincents Eltern. »Nach der Überprüfung blieben, wie Sie sehen, zwei gesunde Jungen und zwei sehr gesunde Mädchen übrig (...) Sie müssen nur noch den passenden Kandidaten aussuchen.«

Vincents Eltern entscheiden sich für einen der beiden Jungen, damit Vincent einen Spielkameraden bekommt. »So kam mein Bruder Anton auf die Welt«, erzählt Vincent in Gattaca. Während Anton alle Anforderungen erfüllt, die die Welt von Gattaca an ihn stellt, will sich mit dem »Gotteskind« Vincent keine Krankenversicherung mehr belasten. Kein Kindergarten will ihn aufnehmen, kein Arbeitgeber in seine Ausbildung investieren: »Von frühester Kindheit hielt ich mich für das, wofür mich die anderen hielten: chronisch krank«. Dabei ist Vincent nur ein ganz normaler Homo sapiens. Doch in einer Welt, in der die Option der genetischen Verbesserung still und heimlich zur Pflicht mutierte, ist das gänzlich bedeutungslos geworden. Die Macht des technologischen Fortschritts bricht das Rückrat seiner Eltern und deformiert sein Selbstverständnis.

Nicht weniger droht uns, wenn wir nicht endlich aufwachen und damit beginnen, den Zumutungen, welche die mit Gentechnik bewaffnete »Ökonomie des Todes« bereithält, Widerstand entgegenzusetzen.

---

1 McKibben, Bill: Genug! Der Mensch im Zeitalter seiner gentechnischen Reproduzierbarkeit, Berlin 2003.

2 Silver, Lee: Das geklonte Paradies. Künstliche Zeugung und Lebensdesign im neuen Jahrtausend. München 1998. S. 303.
3 vgl. ebenda S. 304.
4 vgl. wie Anm. 1, S. 30.
5 »Scientists place Jellyfish Genes into Monkeys.« New York Times v. 19. 9. 2000.
6 »Gentechnik: Weitere Grenze überschritten.« Der Tages-Anzeiger v. 12. 1. 2001.
7 vgl. »Entwicklungsbiologe bei der Rudolf Virchow Vortragsreihe«. Pressemitteilung der Bayerischen Julius-Maximilians-Universität Würzburg v. 11. 10. 2000.
8 Stock, Gregory: Redesigning humans. Choosing our genes, changing our furture. New York 2003. S. 12.
9 ebenda S. 2.
10 vgl. Spahl, Thilo / Deichmann, Thomas: Das populäre Lexikon der Gentechnik. Frankfurt a. Main 2001, S. 234 f.
11 ebenda S. 13.
12 vgl. ebenda
13 vgl. ebenda S. 65 ff.
14 wie Anm. 2. S. 305.
15 wie Anm. 1, S. 22.
16 wie Anm. 8, S. 11.
17 vgl. wie Anm. 2. S. 305 f.
18 ebenda S. 24.
19 wie Anm. 2. S. 176.
20 vgl. wie Anm. 10, S. 75.
21 vgl. wie Anm. 8, S. 66.
22 »Keimbahn-Therapie.« Telepolis v. 14. 10. 1998.
23 ebenda

»In einer freien Gesellschaft werden Entscheidungen über den Gebrauch von Biotechnologien nicht von zentralen Planern, sondern vor allem von privaten Individuen gefällt.«

THE PRESIDENT'S COUNCIL
ON BIOETHICS
»Beyond Therapy«

KAPITEL 20

Ortszeit: fünf vor zwölf

Was sich alles ändern muss, damit Menschen Menschen bleiben können

Die Welt ist zu einem riesigen Labor geworden. In ihm experimentieren Menschen unter dem Deckmantel der »Ethik des Heilens« nicht mehr länger nur mit Mäusen und Ratten, sondern mit Menschen. Ziel dieser Experimente ist es letztlich, die Evolution des Menschen in die eigene Hand zu nehmen und den Menschen neu zu erschaffen.

Davor die Augen zu verschließen, ändert an dieser Tatsache nichts. Noch nie hat das Ignorieren einer Tatsache ausgereicht, diese aus der Welt zu schaffen. Leider gilt dies auch für andere Reaktionsmuster, zu denen wir Menschen offenbar neigen: So könnten wir zum Beispiel versucht sein, uns mit dem Gedanken beruhigen zu wollen, am Ende werde schon alles gut ausgehen. So tröstlich ein solcher Gedanke und so bewundernswert eine optimistische Grundhaltung auch sein mögen, zu einem guten Ende vermögen beide nicht das geringste beizutragen.

Schließlich könnten wir – wenn wir der Ansicht wären, die

Hoffnung auf ein gutes Ende sei ohnehin nicht angebracht – wie ein Kaninchen die Schlange anstarren und uns in unser »Schicksal« ergeben. Dabei übersähen wir jedoch, dass in unserem Fall von »Schicksal« gar keine Rede sein kann. In Wirklichkeit ermöglicht erst das Verhalten des Kaninchens der Schlange, es zu verschlingen. Könnte das Kaninchen in angemessener Weise auf die Schlange reagieren, wäre die Schlange für das Kaninchen keine Bedrohung mehr.

Was dem Kaninchen verwehrt bleibt, ist dem Menschen möglich. Zwar besitzt auch der Mensch Instinkte und Triebe. Im Unterschied zum Tier ist er ihnen jedoch nicht hilflos ausgeliefert. Während das Verhalten des Tiers von seinen Instinkten und Trieben determiniert wird, ist der Mensch ein »animal rationale«. Als ein mit Vernunft begabtes Lebewesen ist er in der Lage, über seine Instinkte und Triebe zu reflektieren, sie zu ordnen und ein dieser Ordnung entsprechendes Verhalten an den Tag zu legen. Mehr noch: Während das Verhalten des Tiers von seinen Instinkten und Trieben konditioniert wird, ist der Mensch fähig, seine Instinkte und Triebe zu konditionieren. Der Philosoph und Soziologe Arnold Gehlen (1904–1976) hat diesen Unterschied auf die Formel gebracht, im Unterschied zum Tier habe der Mensch nicht bloß ein Leben, sondern könne ein solches führen.[1]

Dass der Mensch tatsächlich frei und »Herr seiner Akte«[2] ist, wird für andere immer dann besonders augenscheinlich, wenn Menschen mit ihrem bisherigen Leben brechen und beginnen, ein radikal anderes Leben zu führen: zum Beispiel wenn ein Süchtiger seiner Sucht den Rücken kehrt, wenn aus dem Verfolger einer Idee oder einer Person – wie im Fall des Apostels Paulus – einer ihrer Verfechter wird.

Genau dies, nämlich dass der Mensch frei ist, wird aber gerade von zahlreichen Befürwortern einer grenzenlosen Gentechnik bestritten. Sie betrachten den Menschen nicht selten ausschließlich und vollumfänglich als Produkt der Evolution – einschließlich seiner kongnitiven und kulturellen Leistungen. Sie behaupten, dass alles, was existiert, eine materielle Ursache besitze und sich durch Reduktion auf diese vollständig erklären lasse.

Auf einer solchen deterministischen Grundannahme basieren verschiedene Ansätze des Materialismus, des Sozialdarwinismus oder auch der Neurobiologie. So unterschiedlich diese sind, so einig sind sie in der Behauptung, dass Freiheit eine Fiktion sei. Dies zu widerlegen ist erstaunlicherweise gar nicht so schwer, da sämtliche Theorien, die den Menschen als restlos determiniert zurücklassen – seien es die von Soziobiologen wie Richard Dawkins oder die von Hirnforschern wie Wolf Singer und Gerhard Roth –, an einem eklatanten Konstruktionsfehler leiden: Sie vernachlässigen ihre Konstrukteure.

Wären die Menschen, wie zum Beispiel Dawkins behauptet, Maschinen, die sich ihre Gene gebaut hätten, um ihr Überleben zu sichern, dann müssten wir uns auch Dawkins als ein solches Trojanisches Pferd vorstellen. Ließe sich, wie Dawkins weiter meint, alles menschliche Denken und Handeln letztlich auf die von unseren egoistischen Genen verfolgten Überlebensstrategien reduzieren, dann wäre auch das Schreiben seines Buches »Das egoistische Gen« Teil einer solchen. Natürlich ließe sich innerhalb dieser Theorie argumentieren, einen Bestseller-Autor zu schaffen sei eine besonders effektive Strategie, mit der Gene für ihre Verbreitung sorgten. Da Bestseller-Autoren üblicherweise einen höheren Bekanntheitsgrad erreichen als andere Maschinen, die sich Gene bauen, machen sie vermutlich tatsächlich mehr Maschinen des anderen Geschlechts auf sich aufmerksam. Auf Lesereisen könnten sie zudem mit einer viel größeren Anzahl dieser Maschinen in Kontakt treten, als dies einem Biologie-Professor möglich wäre, der ausschließlich in Oxford lehrt und hier und da einen Kongress besucht.

Wer vornehmlich mit dem Unterleib denkt, wird Dawkins Theorie des egoistischen Gens möglicherweise manches abgewinnen können. Allerdings auch nur bis hierhin. Denn völlig unhaltbar wird Dawkins Theorie, wenn man danach fragt, welchen Wahrheitsanspruch sie erheben kann. Die ernüchternde Antwort fällt aus christlicher wie auch aus humanistischer Perspektive freilich recht erfreulich aus und lautet: Überhaupt keinen!

Denn hätte Dawkins recht, so müsste der Anspruch auf Wahrheit, den die Maschine namens Dawkins für die Theorie des egoistischen Gens erhebt, selbst Teil jener Strategie sein, die seine Gene verfolgen. Mit anderen Worten: Träfe Dawkins Theorie zu, wäre sie genauso wahr oder falsch, wie jede andere Theorie, die Maschinen zu verbreiten pflegen, die sich unsere Gene gebaut haben, um einen Selektionsvorteil zu erringen. Oder, um es mit den Worten des verstorbenen Philosophen Reinhard Löw zu sagen: »Die ›Wahrheit‹ der Soziobiologie besteht darin, dass es für sie überhaupt keine Wahrheit geben kann, einschließlich dieser. Sie ist ein einziges ungeheuerliches Paradoxon, dessen Kern in dem Satz besteht: ›Jetzt lüge ich!‹ Wenn er wahr ist, ist er gelogen, wenn er gelogen ist, ist er wahr.«[3]

Nach diesem Exkurs, mit dem die Freiheit, wie es scheint, erfolgreich gegen die deterministischen Attacken der Reduktionisten verteidigt werden kann, ist der Weg nun prinzipiell frei, um darüber nachzudenken, was wir ändern müssen, damit Menschen Menschen bleiben können.

Diese Frage ist keine akademische, sondern eine ganz und

gar praktische, deren ungeheure Brisanz mit diesem Buch deutlich gemacht werden sollte. Da man von einer Antwort auf eine praktische Frage jedoch erwarten darf, dass sie ebenfalls praktisch ausfällt, stehen wir hier vor einem Problem.

Nie zuvor standen Menschen vor der Aufgabe, ihre eigene Art retten zu müssen. Bei der Suche nach einer Lösung können wir uns also nicht auf Erfahrungen stützen. Erschwert wird diese neue Aufgabe auch noch dadurch, dass die Angriffe auf den Homo sapiens von Exemplaren derselben Spezies verübt werden. So wie die Lage sich darstellt, hätten die Retter des Homo sapiens es nicht bloß mit einzelnen Wissenschaftlern zu tun, die in ihren Labors Amok laufen, sondern mit demokratisch gewählten Regierungen und Parlamenten, die – sei es völlig frei und unbedrängt, sei es auf Druck der Industrie – das »Gottspielen« billigen und durch Gesetzesänderungen legalisieren.

So erklärte die britische Gesundheitsministerin Caroline Flint Mitte Mai 2007, Großbritannien plane, die Produktion von Mensch-Tier-Mischwesen durch die Verschmelzung von tierischen und menschlichen Keimzellen zuzulassen.[4] Zuvor hatte das Europäische Parlament Ende April unter der deutschen EU-Ratspräsidentschaft die umstrittene Verordnung über »Arzneimittel für neuartige Therapien« gebilligt. Die Verordnung sieht vor, dass gentechnisch hergestellte Arzneimittel künftig europaweit einheitlichen Qualitätsstandards unterliegen und durch ein einheitliches Verfahren bei der Europäischen Arzneimittelagentur in London zugelassen werden müssen. Eine Regelung, die im Grundsatz auch von ihren Kritikern begrüßt wurde. Umstritten ist die Verordnung, weil sie zu zahlreichen ethischen Fragen, wie der Herstellung von Mensch-Tier-Mischwesen und Eingriffen in die Keimbahn im Rahmen dieser Therapien keine eindeutigen Aussagen trifft. Bis dahin gab es immerhin einen europaweiten Konsens, dass solche Praktiken abzulehnen seien. Kurz vor der Abstimmung im Europäischen Parlament bat jedoch der Staatssekretär des deutschen Gesundheitsministeriums, Klaus Theo Schröder (SPD), die nur ihrem Gewissen verantwortlichen Europaabgeordneten in einem Brief, »auch unter Zurückstellung von Bedenken« dem von Linken und Liberalen vorgelegten Änderungspaket zuzustimmen, das sich solcher Klarstellungen enthielt. Wie Schröder schrieb, verzichte das Paket zwar auf »Änderungsanträge zu ethischen Fragestellungen«, garantiere jedoch »höchstmögliche Sicherheit für Patientinnen und Patienten«.[5]

Man braucht keinen Faible für Verschwörungstheorien zu besitzen, um eines zu wissen: Die Mehrzahl unserer auf Konsens bedachten Politiker sind nicht nur unfähig, Probleme wie das zur Rede stehen zu lösen. Sie sind Teil des Problems. Deswegen darf eine Strategie, deren Ziel die Bewahrung des Homo sapiens ist, nicht nur bei der Politik ansetzen, in deren Mühlen sie – so wie die Dinge gegenwärtig liegen – so lange zerrieben würde, bis kaum etwas von ihr übrig wäre, für das einzutreten sich lohnte. Wer den Homo sapiens retten will, muss vor allem dort ansetzen, wo die eigentliche Macht verwaltet wird: bei der Wirtschaft. Und sie muss er dort treffen, wo es ihr wirklich weh tut: mitten ins Portemonnaie.

Da sich die Techniken nicht mehr aus der Welt schaffen lassen, mit denen der Homo sapiens – in was auch immer – transformiert werden soll, lässt sich die Rettung des Homo sapiens nur noch dann bewerkstelligen, wenn eine hinreichend große Zahl von Menschen den horrenden Möglichkeiten widersteht, welche die Gentechnik bietet. Nur wenn die prognostizierten Absatzmärkte erkennbar zu kollabieren drohen, wird die »New Science« – diese unselige Verbindung von

Wirtschaft und Wissenschaft, der es weder um Erkenntnis, noch um Gerechtigkeit, sondern bloß um Bares geht – bereit sein umzudenken. Und nur dann wird es sich die Politik wieder leisten wollen, den Homo sapiens, der in seiner frühesten Erscheinungsform, nämlich als Embryo, bereits vielerorts für vogelfrei erklärt wurde, unter Artenschutz zu stellen.

Wer der »Ökonomie des Todes« den Todesstoß versetzen will, muss ihre Supermärkte boykottieren: die künftigen und erst recht die, welche bereits geöffnet haben. In erster Linie sind das heute die Fortpflanzungskliniken. Das mag unbarmherzig klingen, ist es aber nicht. Im Gegenteil: Indem die künstliche Befruchtung, wie der Sozialethiker Manfred Spieker schreibt, das Kind »zum Produkt eines medizinischen Eingriffs im Labor« macht, werde es »zum Objekt erniedrigt«. Daher verletzte die künstliche Befruchtung »das Recht des Kindes, die Frucht des spezifischen Akts der ehelichen Hingabe seiner Eltern zu sein«, mache »die Eltern zu Rohstofflieferanten« und den »Geburtshelfer zum Zeugungsingenieur«.[6]

Mit der Verlagerung der Zeugung aus den Betten in die Labors ist also weit mehr als nur ein Orts- und Verfahrenswechsel verbunden. Mit den zwangsläufig anfallenden so genannten überzähligen Embryonen schafft die künstliche Befruchtung nicht nur jene Ressourcen, die für die weitaus gefährlicheren Technologien wie das Klonen und dic Keimbahnmanipulation benötigt werden. Die Möglichkeit, Menschen nicht nur »zeugen«, sondern auch »machen« zu können, verändert unser Menschenbild auch viel nachhaltiger, als dies auf den ersten Blick erscheinen mag. Dies gilt umso mehr, als das Kind bei der künstlichen Befruchtung quasi erworben wird. Zwar behaupten Reproduktionsmediziner gegenüber ihren oft verzweifelten Kunden gerne, was bezahlt werde, sei nicht das Kind, sondern die Behandlung der Unfruchtbarkeit. Doch bei genauerem Hinsehen ist das ein Irrtum. Da die Sterilität eines oder beider Partner »selbst nach einer erfolgreichen, also zur Geburt eines Kindes führenden Behandlung die gleiche ist, wie zuvor«,[7] erwirbt, wer eine künstliche Befruchtung bezahlt, genau genommen keine Therapie, sondern die Herstellung eines Menschen. Galten Kinder früher überwiegend als »Gabe«, so werden sie durch die künstliche Befruchtung zunehmend zur »Habe«.[8]

Eine Gesellschaft, in der Menschen zur Habe anderer Menschen werden, wäre auch dann eine Gesellschaft von Sklavenhaltern, wenn es denjenigen Kindern, die zum Leben bestimmt werden, später so gut wie eben möglich ergehen würde.[9] Denn wo wir Menschen nach unseren Wünschen entwerfen und herstellen, negieren wir ihre Würde, unterwerfen wir sie unserem Willen und degradieren sie so zu Objekten. Damit würden wir auch jenen, die am Ende überleben sollen, Entscheidendes vorenthalten. Denn als soziales Wesen kommt der Mensch erst durch die bedingungslose Annahme zu sich selbst und erfährt sich als Subjekt.

Nicht alles, was unter der Flagge des Fortschritts daherkommt, muss uns daher auch willkommen sein. Wir brauchen fröhliche Tabubrecher: unter den Politikern und unter den Medienmachern, unter den Wählern und unter den Medienkonsumenten. Und möglichst auch unter den Wissenschaftlern. Denn es ist ja nicht wahr, dass alle Naturwissenschaftler einem wie immer gearteten Determinismus anhängen und davon überzeugt wären, der Mensch müsse die Evolution in die eigene Hand nehmen. Vermutlich sind diejenigen, die beides ablehnen, sogar in der Mehrheit. Nur schweigen sie, von wenigen Ausnahmen abgesehen, viel zu oft und überlassen damit den anderen kampflos das Feld.

Wenn der Mensch nicht determiniert, sondern frei ist, dann ist auch die oft geäußerte Behauptung, es sei unmöglich, den so genannten technischen Fortschritt zu stoppen, schlicht und einfach falsch.[10] Denn was wir als technischen Fortschritt bezeichnen, ist letztlich nichts anderes als die Folge einer Reihe gezielter Handlungen, die von freien Menschen ausgeführt wurden. Statt sie auszuführen, könnten sich die Menschen auch dafür entscheiden, sie zu unterlassen. Nicht alles zu tun, was wir können, ist denn auch kein Ausdruck mangelnder Freiheit – sondern Ausweis der Klugheit. Schon Kleinkinder müssen lernen, dass es zwar möglich ist, mit der Stricknadel in der Steckdose zu bohren, aber nicht ratsam. Ebenso ist es für kleine Kinder zwar mitunter verlockend, den großen Nachbarsjungen zu provozieren, den Schuldirektor zu beleidigen oder mit Kampfhunden zu spielen. Wer aus der Palette des Möglichen das Ratsame auszuwählen versteht, handelt nicht unfrei, sondern klug.

Mittlerweile gibt es christliche Lebensschutzorganisationen, überkonfessionelle wie konfessionelle, es gibt atheistische und agnostisch-humanistisch geprägte gentechnikkritische Organisationen, es gibt Umweltschutzorganisationen, die damit beginnen, auch den Menschen als vom Menschen bedrohte Art zu begreifen. Gemeinsam könnten sie eine Allianz der Klugen bilden, also jener, die gelernt haben, dass man nicht mit den Stricknadeln der Gentechnik in der Steckdose des Lebens stochern sollte. Dass sowohl ihre Ansätze als auch ihre Motive verschieden sein werden, muss für ein loses Bündnis auf Zeit kein unüberwindliches Hindernis sein. Mögen die einen aus Misstrauen handeln, weil sie die Menschheit weder dem Kapital, noch den Forschern, noch den Herrschenden überlassen wollen. Mögen die anderen aus Vorsicht aktiv werden, weil ihnen das bekannte »Mängelwesen Mensch« noch immer weit weniger ungeheuer scheint als das fiktive mängelfreie Wesen moderner Wissenschaftsutopien. Mögen wieder andere aus der Überzeugung heraus handeln, dass hinter der Gabe des Lebens ein Geber steckt, der seiner nicht spotten lässt. Gemeinsam könnten sie die notwendige kritische Masse bilden, die stark genug ist, um den vorsorglichen Abgesang auf den Homo sapiens Lügen zu strafen. Und wer weiß, vielleicht führt die drohende Abschaffung des Menschen ja letztlich dazu, dass der Mensch sein eigenes Wesen wiederentdeckt?

---

1 vgl. Gehlen, Arnold: Der Mensch. Seine Natur und seine Stellung in der Welt. 13. Aufl., Wiesbaden 1986. S. 17.

2 vgl. Thomas von Aquin: Summa Theologica, I–II, q.1., a.1. zit. nach Breuer, Clemens: Person von Anfang an? Der Mensch aus der Retorte und die Frage nach dem Beginn des menschlichen Lebens. 2. Aufl. Paderborn 2003. S. 78.

3 Löw, Reinhard: Die neuen Gottesbeweise. München 1994. S. 134.

4 vgl. »Vatikan: Britische Biotech-Pläne sind ›Vergewaltigung der Menschenwürde‹.« Radio Vatikan v. 18. 5. 2007.

5 »Verordnete Schwachstellen.« Die Tagespost v. 26. 4. 2007.

6 Spieker, Manfred: Der veruntreute Rechtsstaat. Anmerkungen zur Kultur des Todes in Europa. Paderborn 2005. S. 81.

7 ebenda S. 83.

8 vgl. Gerl-Falkovitz, Hanna-Barbara: Eros, Glück, Tod und andere Versuche im christlichen Denken. Gräfelfing 2001, S. 175 ff.

9 wie Anm. 6, S. 74 f.

10 vgl. Fukuyama, Francis: Das Ende des Menschen. Stuttgart 2002. S. 82.